Philippe Burlet

Expression des gènes SMN1 et SMN2 dans les amyotrophies spinales

Philippe Burlet

Expression des gènes SMN1 et SMN2 dans les amyotrophies spinales

Des pistes à visée thérapeutique par l'induction pharmacologique du gène SMN2

Presses Académiques Francophones

Impressum / Mentions légales
Bibliografische Information der Deutschen Nationalbibliothek: Die Deutsche Nationalbibliothek verzeichnet diese Publikation in der Deutschen Nationalbibliografie; detaillierte bibliografische Daten sind im Internet über http://dnb.d-nb.de abrufbar.

Information bibliographique publiée par la Deutsche Nationalbibliothek: La Deutsche Nationalbibliothek inscrit cette publication à la Deutsche Nationalbibliografie; des données bibliographiques détaillées sont disponibles sur internet à l'adresse http://dnb.d-nb.de.

Coverbild / Photo de couverture: www.ingimage.com

Verlag / Editeur:
Presses Académiques Francophones
ist ein Imprint der / est une marque déposée de
OmniScriptum GmbH & Co. KG
Heinrich-Böcking-Str. 6-8, 66121 Saarbrücken, Deutschland / Allemagne
Email: info@presses-academiques.com

Herstellung: siehe letzte Seite /
Impression: voir la dernière page
ISBN: 978-3-8381-7628-4

MINISTERE DE LA JEUNESSE, DE L'EDUCATION NATIONALE ET DE LA RECHERCHE

ECOLE PRATIQUE DES HAUTES ETUDES

Sciences de la Vie et de la Terre

THESE de DOCTORAT

Présentée par

Philippe BURLET

Pour l'obtention du grade de DOCTEUR de l'Ecole Pratique des Hautes Etudes

Discipline : Génétique Moléculaire

EXPRESSION DES GENES SMN1 ET SMN2 DANS LES AMYOTROPHIES SPINALES

Devant le jury composé de

Pr Corinne Antignac
Dr Suzie Lefebvre
Pr Bernard Mignotte
Pr Arnold Munnich
Dr Andràs Paldi
Dr Evani Viegas-Péquignot

Soutenue le 13 JUIN 2002
Thèse préparée dans le laboratoire de Génétique Moléculaire et Physiologique de l'Ecole Pratique des Hautes Etudes (Directeur de thèse EPHE: B. MIGNOTTE)

REMERCIEMENTS

Mes remerciements vont tout d'abord aux membres du jury qui ont accepté de juger mon travail de thèse et particulièrement les docteurs Evani Viegas-Pequignot et Corinne Antignac qui ont géré le lourd travail de rapporteurs. Enfin, je suis très heureux que les docteurs Bernard Mignotte et Andras Paldi participent à ce jury.

Je remercie vivement le professeur Arnold Munnich pour m'avoir accueilli dans son laboratoire et son soutien constant depuis 1989.

Je remercie le docteur Suzie Lefebvre pour la formation scientifique qu'elle m'a donnée au cours de ma thèse, son soutien, sa motivation mais également sa gentillesse.

Je remercie tous les membres de notre équipe de recherche qui se sont succédés et ont contribués au développement d'une ambiance de travail particulièrement favorable, Olivier Clermont, Elodie Vial, Solange Bertrandy, Louis Viollet, Mohammed Zarhrate, Céline Huber, Lydie Burglen, Marie-France Bachelot, Fabrice Pascal, Parag Sheth, Sonia Abdelhak, Afif Hentati, Caroline Belser, Ingrid Zwaenepoel et surtout Jean Frézal, qui a initié le sujet, et Judith Melki pour le chemin parcouru ensemble jusqu'à l'identification du gène SMN.

TABLE DES MATIERES

V LA PROTEINE SMN

VI ANALYSE DU GENE SMN1 CHEZ LES PATIENTS

VII ROLE MODIFICATEUR DU GENE SMN2

VIII STRATEGIES POUR AUGMENTER LE GENE SMN2

IX GENERALITES SUR LE PROMOTEUR SMN

ORIENTATION DE LA THESE

I RESULTATS

II DISCUSSION

III CONCLUSIONS - PERSPECTIVES

IV REFERENCES BIBLIOGRAPHIQUES

Résumé

Les amyotrophies spinales infantiles (SMA) sont des affections récessives autosomiques caractérisées par une dégénérescence des motoneurones spinaux. Nous avons identifié dans une duplication sur le chromosome 5q13 le gène SMN1 dont les mutations sont à l'origine des trois formes de la maladie. Nous avons montré que la variabilité phénotypique pouvait s'expliquer par le nombre de copies du gène homologue SMN2. Dans le but d'élucider les conséquences de l'altération du gène SMN1, nous avons étudié l'expression de la protéine SMN codéepar les gènes SMN1 et SMN2. Ils codent pour une protéine ubiquitaire de 38 kDa localisée dans le cytoplasme et le noyau, au niveau des gems/coiled bodies. J'ai participé à établir la base moléculaire d'une classification entre les différentes formes de la maladie. J'ai montré que la protéine était fortement exprimée chez les foetus témoins au niveau des motoneurones spinaux et du muscle squelettique. Dans le muscle, la protéine SMN est concentrée dans des structures cytoplasmiques semblables aux gems. J'ai également décrit une expression marquée au cours du développement qui diminue en période post-natale. Dès lors, nous avons fait l'hypothèse que ces gènes pouvaient être induits. L'analyse de séquence révèle que la région promotrice minimale est identique et la comparaison phylogénique met en évidence une région hautement conservée. Cette région contient des sites potentiels pour des facteurs de transcription, qui m'ont servi à choisir des molécules candidates. J'ai ainsi montré que l'acide rétinoique all-trans et l'interleukine-6 peuvent induire l'expression de la protéine SMN chez des cellules issues de témoins et de malades. De plus l'interleukine-6 augmente le taux de SMN dans la fraction nucléaire, ce qui restaure les gems normalement absents dans les cellules de malades. Ces données ouvrent des pistes pour l'induction pharmacologique du gène SMN2 à visée thérapeutique.

CHAPITRE I

CLINIQUE ET EPIDEMIOLOGIE

DES

AMYOTROPHIES SPINALES

Observations initiales et classification

des amyotrophies spinales infantiles

C'est en 1891 que WERDNIG (un neurologue autrichien) rapporte les observations de deux frères présentant un déficit moteur progressif. Un des enfants devait décéder à l'âge de trois ans et l'autopsie révélait une perte bilatérale et symétrique des cellules de la corne antérieure avec atrophie des fibres musculaires.

Zwei frühinfantile hereditäre Fälle von progressiver Muskelatrophie unter dem Bilde der Dystrophie, aber auf neurotischer Grundlage.

Von

Dr. **G. Werdnig**

En 1894, Hoffmann rapporta d'autres observations en mettant l'accent sur la variabilité de la maladie. En 1900, il rapporta six nouveaux cas appartenant à six familles non apparentées. C'est en 1937 que De Lange rapporta la première observation d'une forme aiguë néonatale dont le décès survint à vingt jours de vie. Kugelberg et Welander en 1956 rapportèrent des observations d'amyotrophies spinales à début plus tardif, dans l'enfance ou l'adolescence. L'hétérogénéité de la présentation clinique des patients atteints d'amyotrophies spinales apparaît évidente aux vues de ces observations

Originalien.

Aus der medicinischen Klinik zu Heidelberg.

Ueber die hereditäre progressive spinale Muskel-atrophie im Kindesalter.

Von Prof. J. Hoffmann in Heidelberg.

Les amyotrophies spinales infantiles (ASI) ou "spinal muscular atrophy" (SMA) en anglais, représentent un groupe de maladies héréditaires caractérisées par une dégénérescence des motoneurones de la corne antérieure de la moelle épinière associée à une atrophie musculaire proximale. Il s'agit d'un groupe hétérogène du point de vue clinique du fait de la grande variabilité de l'âge de début et de l'évolution de la maladie. On distingue trois formes d'ASI d'après la classification décrite par Dubowitz (Dubowitz, 1964) selon des critères du développement psychomoteur :

- **ASI de type I : maladie de Werdnig-Hoffman**
- **ASI de type II : forme intermédiaire**
- **ASI de type I : maladie de Kugelberg-Welander**

ASI de type I : maladie de Werdnig-Hoffmann

Il s'agit de la forme la plus sévère de la maladie, précoce et létale. Les premiers signes peuvent être anténataux, avec une diminution des mouvements fœtaux. Les formes néonatales représentent la continuité des formes prénatales. Les nouveau-nés présentent une hypotonie majeure et une insuffisance respiratoire. Un début anténatal des paralysies peut conduire à l'existence de rétractions articulaires (équin des pieds, flessum des coudes, doigts ou genoux). Les formes postnatales débutent dans le premier trimestre de vie par une diminution de la motilité des racines des membres inférieurs. Le déficit se généralise rapidement aux quatre membres et la maladie peut être diagnostiquée avant le sixième mois. La paralysie des muscles paraspinaux conduit à une hypotonie du tronc. La paralysie atteint les muscles intercostaux et l'enfant respire uniquement avec son diaphragme. Les infections pulmonaires fréquentes et l'insuffisance respiratoire chronique entraînent le décès avant deux ans.

ASI de type II : forme intermédiaire

Le début survient entre 6 et 12 mois. Les paralysies s'installent et conduisent à une absence d'acquisition de la marche et parfois de la station assise. L'évolution de la maladie va dépendre de la difficulté à maîtriser les complications orthopédiques et respiratoires. En effet, une dégradation des capacités fonctionnelles peut être précipitée par une infection respiratoire récurrente et par des interventions orthopédiques. Pour les enfants à la limite du type I, le décès survient au cours de la deuxième décennie.

ASI de type III : maladie de Kugelberg-Welander

Cette forme chronique débute entre deux et dix-sept ans, après l'acquisition de la marche. L'évolution est très lente, le déficit moteur entraîne des difficultés à la marche, à monter des escaliers et des chutes fréquentes. Parfois, seule une simple gêne motrice proximale est constatée. La gêne fonctionnelle reste modérée et les patients conservent en général la marche très longtemps. Il existe une forme d'ASI de l'adulte présentant un tableau clinique comparable : la SMA type IV (Pearn, 1978-c, 1980 ; Emery, 1971). L'apparition des symptômes a lieu à l'âge adulte et l'évolution est relativement lente.

Une classification rigoureuse est rendue difficile par le continuum dans l'intensité et la variation de l'atteinte. La répartition des trois types est d'environ 45% de types I, 25% de types II et 40% de types III.

Aspects biologiques des atteintes nerveuses et musculaires

Les lésions dégénératives concernent les cellules motrices des cornes antérieures de la moelle épinière, les racines antérieures et les nerfs moteurs. Ces lésions prédominent au niveau des renflements cervical et lombaire de la moelle épinière où on observe une raréfaction, voire disparition des neurones. L'électromyogramme confirme l'atteinte neurogène de la corne antérieure. Les vitesses de conduction nerveuse sont abaissées dans 20% des types II et dans 80% des types I mais restent normales dans les types III.

Dans les formes les plus sévères de la maladie, la biopsie musculaire montre une atrophie des fibres musculaires I et II. Ces fibres atrophiées sont regroupées en grands fascicules, de plus elles sont arrondies, contrairement à l'aspect anguleux des fibres atrophiques observées dans d'autres atteintes neurogènes

Dans les formes de type III, la biopsie musculaire peut donner des résultats variables. Quand peu de motoneurones sont atteints, la réinervation est efficace et on observe seulement des groupements de fibres musculaires de même type. Lorsque beaucoup de motoneurones sont touchés, on retrouve en plus des fibres atrophiques isolées ou regroupées en fascicules de taille plus petite que chez les types I ou II.

Groupement de **fibres hypotrophiques** aux contours arrondis. (d'après J. Recondo)

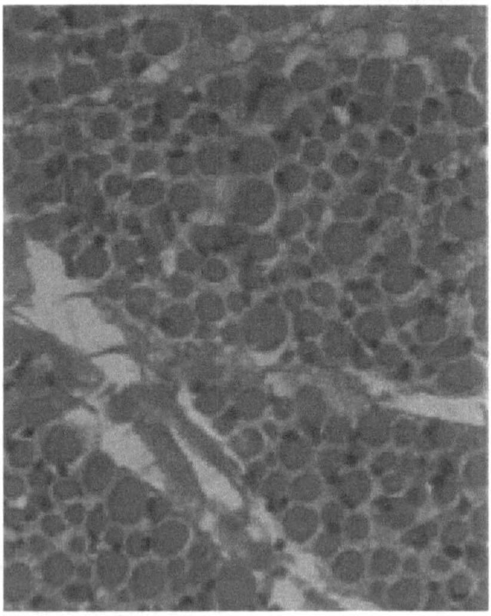

Diagnostic clinique des amyotrophies spinales

Les critères de diagnostic des amyotrophies spinales ont été retenus en 1991 par les membres de l'"International SMA Collaboration" (Munsat, 1991) : Le diagnostic est confirmé par l'analyse des vitesses de conduction nerveuse par l'électromyogramme. La biopsie musculaire n'est pas systématique mais peut confirmer un tableau clinique atypique.

Mode de transmission et fréquence de la maladie

Les amyotrophies spinales infantiles représentent une maladie génétique récessive autosomique (Winsor, 1971 ; Emery, 1971). Sa fréquence est de 1 sur 6 000 naissances (Pearn, 1973, 1978-a). La fréquence des hétérozygotes est de 1/80 pour le type I (Pearn, 1973) et de 1/90 pour les types II et III (Pearn, 1978-a). Ainsi, toutes formes confondues, ces affections arrivent par leur fréquence au second rang des maladies récessives autosomiques, après la mucoviscidose (1/40).

Listes des signes cliniques

Cette liste correspond aux signes et symptomes observés dans cette maladie, quelle que soit leur fréquence d'apparition. Certains sont donc exceptionnels, d'autres habituels. La plupart des maladies ont une grande variabilité d'expression et le tableau clinique de chaque malade est unique.

hypotonie (Signe très fréquent)
e.m.g. anormal (Signe très fréquent)
mort dans l'enfance (Signe très fréquent)
mouvements anormaux (Signe très fréquent)
areflexie / hyporeflexie (Signe très fréquent)
amyotrophie / muscle agenesie (Signe très fréquent)
muscle histologiquement anormal (Signe très fréquent)
diplegie/paraplegie/quadriplegie (Signe très fréquent)
transmission autosomique recessive (Signe très fréquent)

CHAPITRE II

LOCALISATION DU GENE DES AMYOTROPHIES SPINALES (ASI)

PUBLICATIONS FAISANT L'OBJET DE CE CHAPITRE :

Melki J, Abdelhak S, Sheth P, Bachelot MF, Burlet P, Marcadet A, Aicardi J, et al.
Gene for proximal spinal muscular atrophies maps to chromosome 5q.
Nature 1990 ;344:767-768

Melki J, Sheth P, Abdelhak S, Burlet P, Bachelot MF, Lathrop M, Frezal J, et al.
Mapping of acute (type I) spinal muscular atrophy to chromosome 5q12-q14.
Lancet 1990; 336:271-273

Melki J, Abdelhak S, Sheth P, Bachelot MF, Burlet P, et al.
Chromosomal localisation of chronic proximal spinal muscular atrophies of childhood
Journal of the Neurological Sciences 1990; 98

Abdelhak S.,Melki j, Bachelot M.F., Burlet P.et al.
A PstI polymorphism at the D5S39 locus
Nucleic Acid Research 18 : 5580

Melki J, Abdelhak S, Sheth P, Bachelot MF, Burlet P, et al.
Chromosomal localisation of chronic proximal spinal muscular atrophies of childhood
Journal of neurology 1990; 237

Sheth P., Abdelhak S., Bachelot M.F., Burlet P., Masset M.et al.
Linkage analysis in spinal muscular atrophy, by six closely flanking markers on chromosome 5.
Am. J. Hum. Genet.1991; 48:764-768

Mattei M.G., Melki j., Bachelot M.F., Abdelhak S., Burlet P., Frézal J., Munnich A.
In situ hybridisation of two markers closely flanking the SMA gene to 5q12-q13.3
Cyto Genet and Cell Genet.1991; 57: 112-113

Muller B, Melki J, Burlet P et al.
Proximal SMA type II and III in the same sibship are not caused by different alleles
Am. J. Hum. Genet.1992; 50:892-895

Stratégie

La localisation sur le génome du gène responsable d'une maladie héréditaire monogénique repose sur l'établissement d'une liaison génétique entre un marqueur génétique de localisation chromosomique connue et le locus morbide.

Cette Stratégie implique :

- de regrouper un nombre suffisant de familles cliniquement homogènes et dont le diagnostic est sûr et dont le mode de transmission est identique (récessif autosomique dans le cas des SMAs).

- de constituer une banque d'ADN des individus composant ces familles.

- de disposer de marqueurs génétiques distribués sur chaque autosome reconnaissant des polymorphismes de longueur des fragments de restriction de l'ADN. Nous avons choisi ces marqueurs sur chaque autosome à une distance génétique moyenne de 20 centiMorgans, ce qui représente environ 170 marqueurs.

- d'estimer la vraisemblance d'une liaison génétique entre le locus détecté par chacun des marqueurs testés et le locus morbide à l'aide de la méthode des lods scores.

Le *lod score*, Z, est le logarithme des probabilités que les locus soient liés plutôt que non liés et est fonction de la fraction de recombinaison θ. Cette méthode permet de savoir si l'on a une liaison et fourni la mesure statistique de la preuve de liaison.

L'analyse de liaison a été effectuée en utilisant le programme LINKAGE PROGRAM PACKAGE version 5.1.

La première étape de cette étude a été de trouver sur quel chromosome était localisé le gène des amyotrophies spinales de type II et de type III. Puis nous avons localisé le gène des formes de type I et montré que toutes ces formes sont alléliques ;

Ensuite notre démarche à été de situer le locus SMA par rapport aux marqueurs connus de la région 5q12-q14, préliminaire indispensable en vue d'initier les cartes génétique et physique de la région et d'identifier le gène responsable de ces affections.

Le gène des amyotrophies spinales de type II et III est localisé sur le bras long du chromosome 5

Nous avons débuté l'étude avec des familles comportant au moins deux sujets atteints de SMA de type II ou III. Vingt-quatre familles ont été sélectionnées. Cent trente deux marqueurs ont permis d'exclure le locus des SMA d'environ 60 % du génome. Plus de 80 % des chromosomes 3, 9, 10, 18 et 19, 40 % des chromosomes 1, 2, 11, 15, 16, 17, et 21, et environ 25 % des chromosomes 5, 8, 12, et 14 ont été exclus.

Carte d'exclusion par chromosome pour la recherche du locus SMA.

En abscisse, le numéro des chromosomes et en ordonné, le nombre de centimorgans.

En hachuré : nombre de centiMorgans exclus ; En blanc la distance qui n'a pas été explorée.

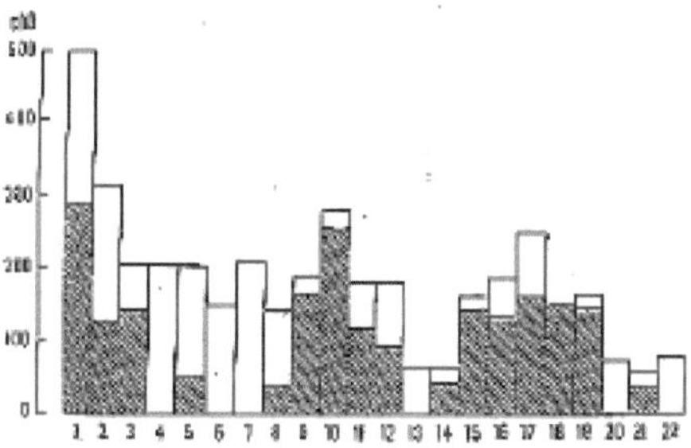

Finalement, c'est le marqueur génétique p105-153Ra reconnaissant le locus polymorphe D5S39 qui coségrège avec le locus morbide.

Ce marqueur génétique localisé sur le bras long du chromosome 5 reconnaît un locus à deux allèles après coupure de l'ADN avec l'enzyme MspI. La valeur maximale de lod-score entre le locus D5S39 et le locus morbide des SMA type II et III est de +4,06 et +2.56 respectivement à un θ = 0.00 (total : +6.6 à θ = 0.00). Ces résultats ont été confirmés par d'autres équipes (Gilliam, 1990).

Le locus du gène des amyotrophies spinales est situé sur le chromosome 5, en 5q12-q14, entre les marqueurs D5S39 et D5S6

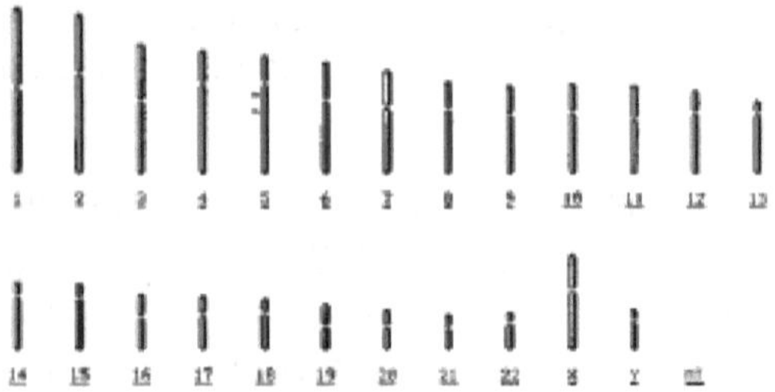

Nous avons aussi testé l'hypothèse de Becker. Ce modèle permet de détecter l'existence d'un allèle prédisposant à chacune des formes de la maladie. Dans le panel analysé nous avons choisi des familles dont les enfants atteints avaient des formes de type II et III.

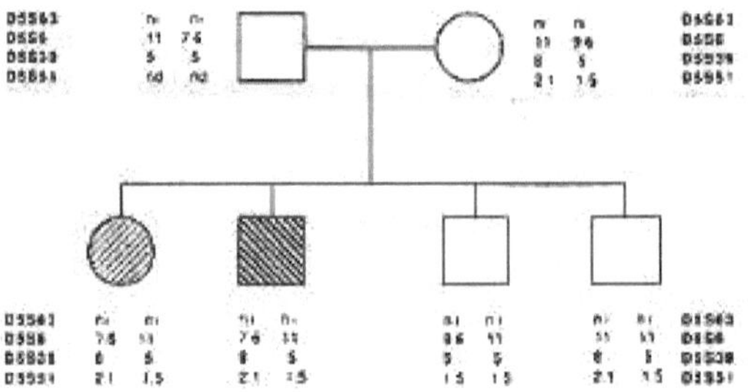

● = SMA type III; ▨ = SMA type II.

Par exemple, dans la famille ci-dessus où il existe un enfant atteint de la forme intermédiaire (type II) et un autre de la forme modérée (type III) (en grisés). Les enfants atteints partagent les mêmes haplotypes. On peut donc exclure l'hypothèse de Becker.

Ces résultats permettent de conclure d'une part à la localisation du gène des SMA de type II et III sur le bras long du chromosome 5, d'autre part ces résultats suggèrent qu'il s'agisse d'affections alléliques.

Le gène des amyotrophies spinales de type I

est localisé sur le bras long du chromosome 5

L'analyse génétique de vingt-cinq familles de SMA type I a été effectuée avec le marqueur lié aux formes de type II et III (p105 153Ra).

La valeur maximale de lod-score entre le locus morbide et le locus D5S39 est de +2.36 à un θ =0.00.

Par comparaison des résultats de l'analyse génétique des familles de SMA de type I à ceux obtenus dans les types II et III, l'hypothèse d'une hétérogénéité entre les différentes formes de la maladie a été rejetée.

La valeur maximale de lod-score est de +11.08 à un θ =0.03 :

TYPE	θ = 0,03	θ = 0,01	θ = 0,05	θ = 0,10	θ = 0,20
III	3,57	2,84	3,58	3,34	2,3
II	5,52	5,07	5,44	4,8	3,08
I	2,36	2,27	1,91	1,48	0,79
Total	11,08	10,18	10,94	9,63	6,17

Tableau indiquant les différents ***LOD SCORES*** (Z) pour les trois formes de la maladie et le taux de recombinaisons (θ) au locus D5S39.

Ainsi, le gène responsable des formes chroniques et des formes aiguës de SMA est situé au même locus. Les trois formes cliniquement distinctes sont probablement la conséquence de mutations différentes d'un même gène. Des résultats concordants ont été obtenus simultanément par d'autres équipes (Gilliam, 1990 ; Brzustowicz 1990).

Analyse multipoint de la région 5q13

La méthode des "location score" a été utilisée : on teste la localisation du gène entre chaque intervalle à partir des données génotypiques de chaque famille SMA. Trente-neuf familles multiplex ont été étudiées pour six marqueurs de la région 5q12-q14, précisant la localisation du locus morbide dans un intervalle de neuf centimorgans (environ 9.10^6 pb), entre les marqueurs D5S39 et D5S6 (Sheth, 1991) comme le montre cette analyse multipoint ci-dessous

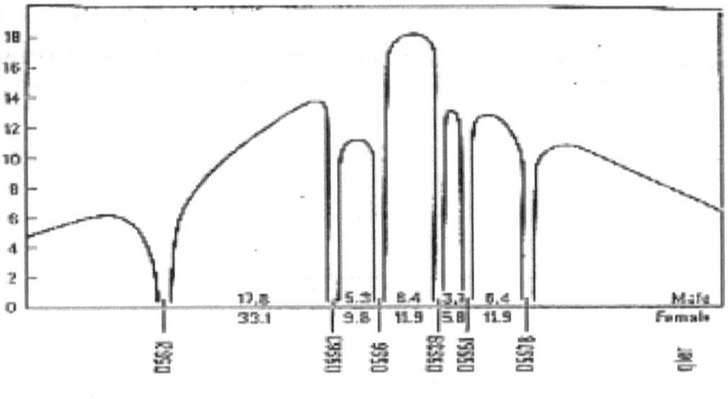

Nous avons établi la localisation physique de ces deux loci par hybridation in situ en collaboration avec M.G. Mattéi, et nous avons conclu que le gène des amyotrophies spinales est localisé entre les bandes 5q12q13.1 et 5q13.3.

Cette analyse multipoint rend possible le diagnostic anténatal de ces maladies graves. Elle permet aussi d'initier une carte génétique haute résolution.

CHAPITRE III

IDENTIFICATION DU GENE SURVIVAL MOTOR NEURON (SMN)

PUBLICATIONS FAISANT L'OBJET DE CE CHAPITRE :

Melki, J., Burlet P., Clermont O., Paul B., Pascal F. et al.
High resolution genetic map of new DNA markers closely flanking the SMA locus
Cyto Genet and Cell Genet 1992. 61: 233

Melki J, Burlet P et al .
Physical map around the spinal muscular atrophy locus using yeast artificial chromosomes.
Am. J. Hum. Genet. 1992. 51:953

Melki, J., Burlet P., Clermont O., Pascal F., Paul B.et al.
Refined linkage map of chromosome 5 in the region of the spinal muscular atrophy gene.
Genomics 1993. 15: 521-524

Burlet P, Abdelhak S, Pascal F, Clermont O, Paul B, Munnich A, Melki J
Trinucleotide repeat polymorphism at the D5S556 locus .
Human Molecular genetics 1993. 2:1328

Lefebvre S, Bürglen L, Burlet P, Clermont O et al.
Cloning candidate genes from the SMA region by exon trapping amplification
Am. J. Hum. Genet.1993. 53:1787

Melki J, Lefebvre S, Bürglen L, Burlet P, Clermont O, Millasseau P, Reboullet S, et al.
De novo and inherited deletions of the 5q13 region in spinal muscular atrophies.
Science 1994. 264:1474-1477

Après avoir franchi cette étape de localisation du gène, puis précisé sa position et sa distance par rapport aux marqueurs de la région 5q11-q13.3, la seconde étape consistait à se rapprocher du gène, donc identifier de nouveaux marqueurs plus proches de celui-ci pour établir une carte génétique de plus haute résolution. Pour ce faire, il nous fallait regrouper un plus grand nombre de familles de patients et disposer de nouveaux marqueurs génétiques polymorphes : les microsatellites, qui sont des séries de répétitions en tandem (en général CA/TG ou CT/AG) et réparties dans tout le génome. L'augmentation du nombre de familles et l'étude de six nouveaux marqueurs ont permis d'augmenter la résolution de l'étude et de réduire l'intervalle à quatre centimorgans entre les marqueurs AFM114ye7 et MAP-1B (Melki, 1993). Des résultats similaires ont été publiés par le groupe de T.Gilliam (Soares, 1993) et celui de K.Davies (Morrisson, 1992).

Pour la sélection rapide de ces marqueurs microsatellites générés au Généthon dans la région 5q12-q14, nous disposions d'un panel d'hybrides somatiques retenant tout ou partie du chromosome 5. L'étude chez les familles de quinze marqueurs de la région a permis de déterminer un intervalle de 2,4 centimorgans entre les marqueurs AFM265wf5 (D5S629, centromérique) et AFM281yh9 (D5S637, télomérique) (Clermont, 1994). Les enfants atteints dans les familles consanguines étant homozygotes au locus morbide, la technique de "cartographie par homozygotie" à été utilisée lorsque aucun événement de recombinaison n'était détecté.

Cen - D5S6 - 114ye7 - 265wf5 – SMA - 281yh9 - 1105 - D5S39 - tel

EFTA **Jk53**

VS19 **mfd151**

Cette étape a permis d'établir une carte génétique fine de la région 5q11-q13, préalable indispensable en vue de l'établissement de la carte physique de cette région.

Cartographie physique

L'initiation d'une carte physique de la région à partir d'une banque de chromosomes artificiels de levures (YAC) a été rendue possible grâce à l'identification de ces deux marqueurs proches du locus SMA. Une première carte combinée génétique et physique de la région 5q13 a ainsi été réalisée et a permis d'initier une marche génomique en direction du gène.

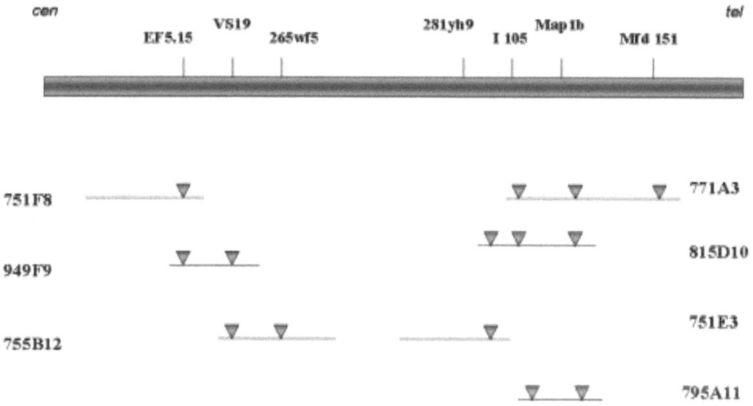

Première carte physique obtenue à partir des marqueurs flanquants le locus SMA AFM265wf5 et AFM281yh9. Ce contig de YACs n'est pas complet et il faut trouver d'autres marqueurs dérivés de ce contig pour se rapprocher davantage.

Par les méthodes d' ALU-PCR et de détection de microsatellites, l'identification de nouveaux marqueurs polymorphes dérivés de ce contig a permis de se rapprocher du locus SMA. Sept YAC ont été sélectionnés avec ces marqueurs. Cette région est caractérisée par la présence d'éléments répétés très homologues et spécifiques de la région 5q13 : parmi les vingt-huit marqueurs du contig de YAC, neuf ont aussi été cartographiés en 5p, quinze marqueurs ont été cartographiés sur plus d'un locus en 5q13. L'étude de ces marqueurs a révélé une duplication de quatre d'entre eux ainsi qu'une triplication d'un marqueur (Melki, 1994).

Ainsi, en combinant une carte génétique et physique haute résolution, nous avons établis un contig de chromosomes artificiels de levure (YAC) couvrant totalement la région 5q13 contenant le locus morbide, puisque aucun événement de recombinaison n'est détecté entre les loci reconnus par les marqueurs C212 et C272 et le gène responsable (Clermont, 1994).

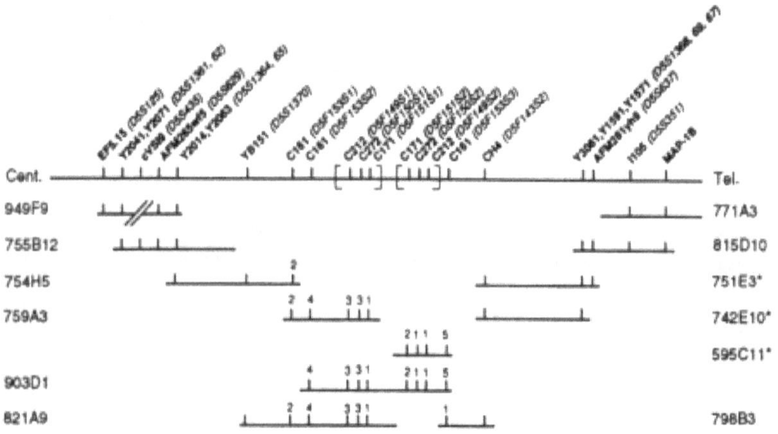

Contig de YACs de la région 5q13 couvrant le locus SMA ; Les différents marqueurs sont indiqués au-dessus de leur position génétique. Les D-segments sont indiqués entre parenthèses. Les astérisques indiquent les YAC chimères. Les numéros situés au-dessus des tirets au niveau des YAC indiquent les génotypes aux loci polymorphes des marqueurs C161, C171, C212 et C272. Les crochets indiquent les marqueurs dupliqués

Par ailleurs, des cartes physiques de la région ont été réalisées par d'autres groupes (Francis, 1993 ; Kleyn, 1993).

Caractérisation d'une duplication de 500 kb en 5q13

L'organisation physique de la région 5q13 a été étudiée par électrophorèse en champ pulsé (PFGE) à l'aide de sondes contenant les marqueurs de la région d'intérêt. Cette analyse a révélé la présence d'une grande duplication inversée de 500 kb dont les éléments sont nommés Etel et Ecen, selon leur position télomérique ou centromérique. De plus, l'organisation de la région s'est avérée hautement variable chez des individus contrôles ou atteints.

Ces deux éléments sont très homologues, seule la sonde He3, contenant le marqueur C161, permet de les différencier en Southern blot.

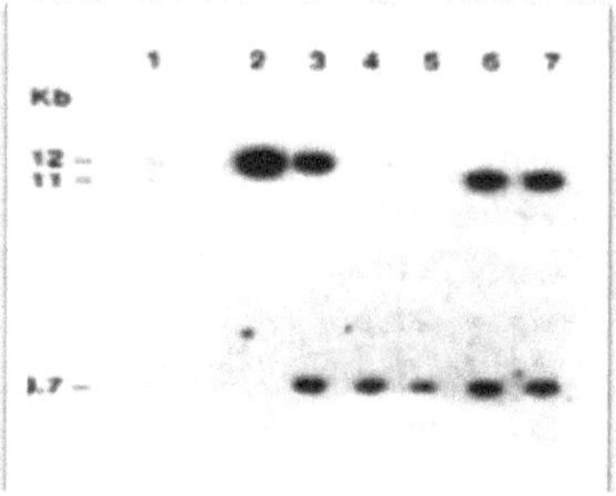

La sonde He3 reconnaît trois fragment : 3.7 kb, 11 kb spécifique de l'élément télomérique et 12 kb présent dans l'élément centromérique ;
pistes 2 et 3 :YACs localisés du coté centromérique ; pistes 6 et 7 :YACs localisés du coté télomérique.

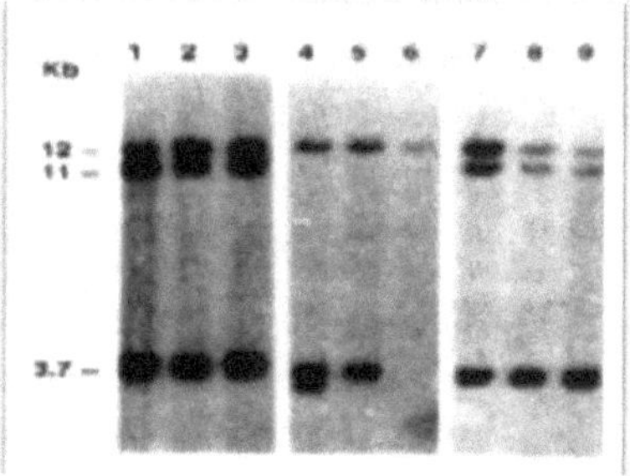

Southern blot hybridé avec la sonde He3 de contrôles (pistes 1-3), patients SMA I (piste 4-6) et patients SMA III (piste 7-9).

L'étude des marqueurs de la région chez des contrôles et des patients (dans des familles consanguines de types I, II ou III) a permis de cartographier les remaniements

Identification de délétions chez des patients

L'existence d'une non-contribution parentale maternelle ou paternelle a été identifiée pour huit patients (quatre types I, deux types II et deux types III) chez lesquels les allèles détectés provenaient d'un seul parent, l'autre parent ayant transmis un allèle délété. (Melki, 1994)

Dans cette famille, l'analyse de ségrégation des allèles aux loci détectés par les marqueurs C212 (à gauche) et C272 (à droite) montre la **non –contribution** maternelle avec le marqueurs C272 ;
F : père ; M : mère ; A : enfant atteint ; NA : enfant sain.

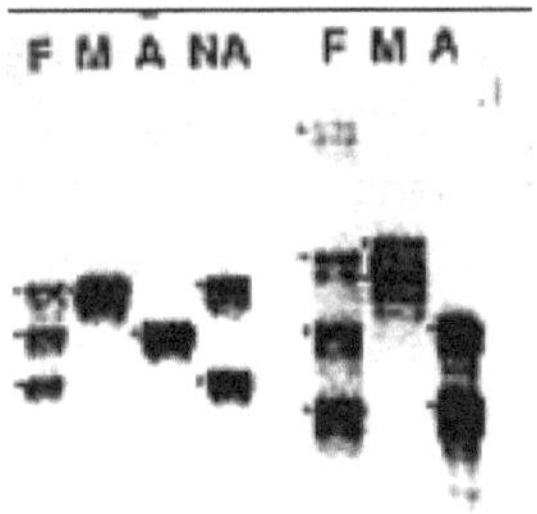

Un réarrangement récent d'origine paternelle, ou délétion de novo, a été détecté sur un chromosome d'un patient de type I, par comparaison avec la ségrégation des allèles paternels chez un autre fœtus. (Melki, 1994)

La ségrégation des allèles détectés par le marqueur C161 révèle l'existence de délétions survenues ***de novo*** car l'enfant atteint n'a reçu qu'un seul locus de ses parents.

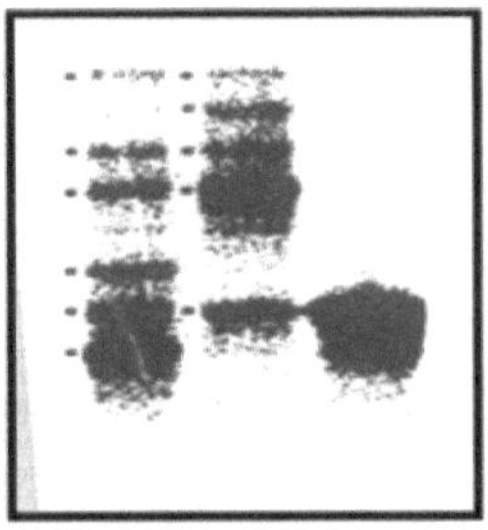

Les remaniements chromosomiques identifiés chez les patients ont été cartographiés avec les différents marqueurs de la région. La plus petite délétion a été localisée dans une région de 1,2 Mb entre les marqueurs C161 et C212-C272-C171, incluant le locus morbide. Enfin, la cartographie de ces délétions forme une base pour initier une stratégie de recherche de gènes candidats.

Construction d'un contig de phages à la recherche du gène morbide

Il a fallut d'abord construire une banque de phages à partir du YAC 595C11, puis les clones contenant les marqueurs microsatellites C212, C272, C171 et C161 ont été isolés. A l'aide des cartes de restriction des clones un contig de phages correspondant donc à l'élément télomérique a été construit (phages L-51, L-132, L-5, L-13) :

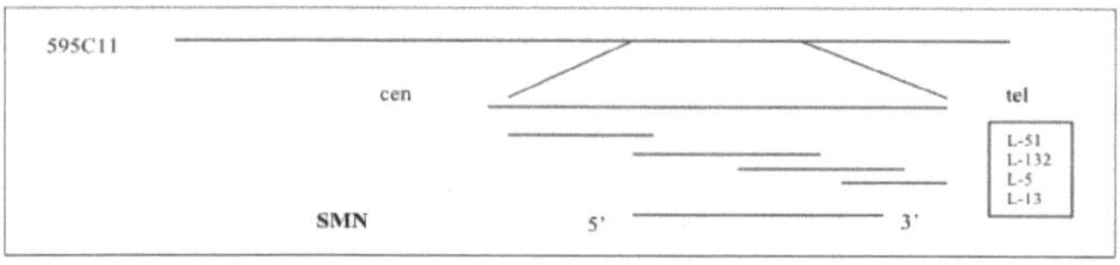

Une sonde dérivée du phage contenant le marqueur C272 détecte une séquence conservée chez le hamster, suggérant la présence de séquences codantes à ce niveau. Une banque de cDNA de cerveau foetal humain a été criblée à l'aide de la même sonde. Sept clones chevauchants sur 1,6 kb ont été isolés. L'analyse de séquence de ces clones a révélé une phase ouverte de lecture de 882 bp ainsi qu'une région non codante de 580 bp. L'analyse en Northern blot d'ARN polyA de différents tissus a permis de détecter un transcrit ubiquitaire de 1,7 kb. La phase ouverte de lecture code une protéine putative de 294 acides aminés, de poids moléculaire estimé à 32 kDa, ne possédant pas d'homologie avec des protéines connues.

Le cDNA BCD541 hybridé à un northern blot contenant divers tissus révèle un transcrit de 1.7 Kb.

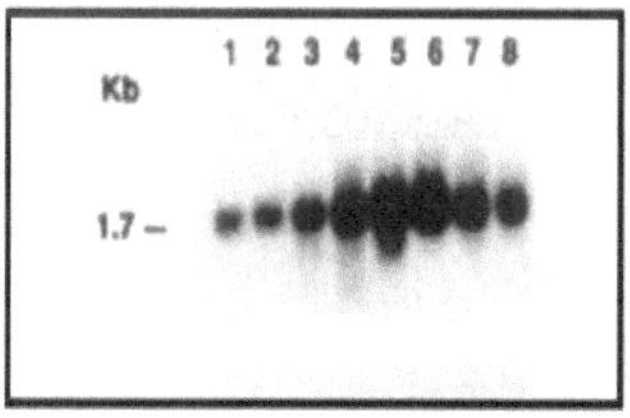

Ce gène hautement candidat par la position fut nommé **Survival Motor Neuron (SMN)**

CHAPITRE IV

STRUCTURE DU GENE SMN1

PUBLICATIONS FAISANT L'OBJET DE CE CHAPITRE :

Lefebvre S, Bürglen L, Reboullet S, Clermont O, Burlet P, Viollet L, Benichou B, et al.
Identification and characterization of a spinal muscular atrophy-determining gene.
Cell. 1995. 80:155-165

Bürglen L, Lefebvre S, Reboullet S, Clermont O, Burlet P, et al.
Identification et caractérisation d'un gène déterminant dans les Amyotrophies Spinales
Médecine:Sciences . 1995. 11:149-151

Bürglen L, Lefebvre S, Clermont O, Burlet P, Viollet L, Munnich A.and Melki J.
Structure and organisation of the human survival motor neurone gene.
Genomics.1996. 32:479-482

Burlet P, Bürglen L, Clermont O, Lefebvre S, Viollet L, Munnich A, Melki J
Large scale deletions of the 5q13 region are specific to Werdnig-Hoffmann disease.
Journal of Medical Genetics .1996. 33:281-283

Bertrandy S, Lefebvre S, Burlet P, et al.
Approche moleculaire d´une degenerescence du motoneurone spinal : Les maladies de Werdnig-Hoffmann et de Kugelberg- Welander.
Annales de l´Institut Pasteur.1996. 7:187-192

Bürglen L, Seroz T., Miniou P., Lefebvre S, Burlet P, Munnich A, Viegas-Pequignot E., Egly JM., Melki J .
The gene encoding P44, a subunit of the transcription factor TFIIH is involved in large scale deletions associated with Werdnig-Hoffmann disease.
American Journal of Human Genetics.1997. 60:72-79

Structure du gène SMN1

Le gène SMN1 couvre environ vingt kb en 5q13. Il est constitué de neuf exons et huit introns, le dernier exon n'étant pas codant. Toutes les jonctions intron/exon présentent les séquences consensus d'épissage. De plus, un site consensus de polyadénylation est localisé 550 bp en aval du codon stop. Enfin, le marqueur C272 est localisé 463 bp en amont du codon start/ATG (Bürglen, 1996-a).

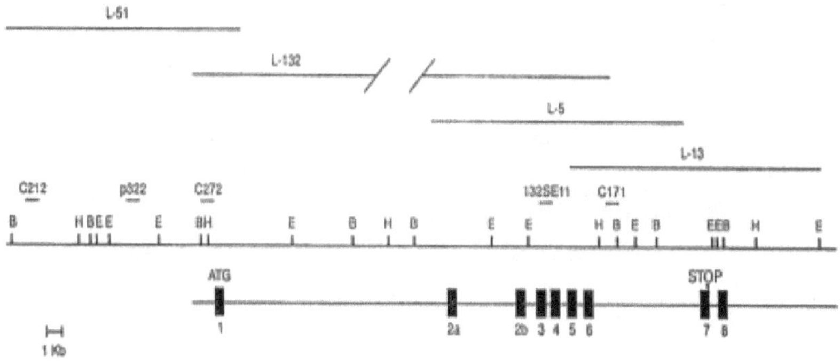

Structure génomique du gène SMN1 ;
Les noms des clones sont inscrits au-dessus de la figure.
Les marqueurs d'ADN sont indiqués au-dessus de leurs positions respectives sur la carte génomique.
Les tirets correspondent aux sites de restriction reconnus par les enzymes EcoR I (E), Hind III(H) et BgL II (B).
La position de chaque exon est indiquée par un rectangle noir.

Séquence du gène SMN1

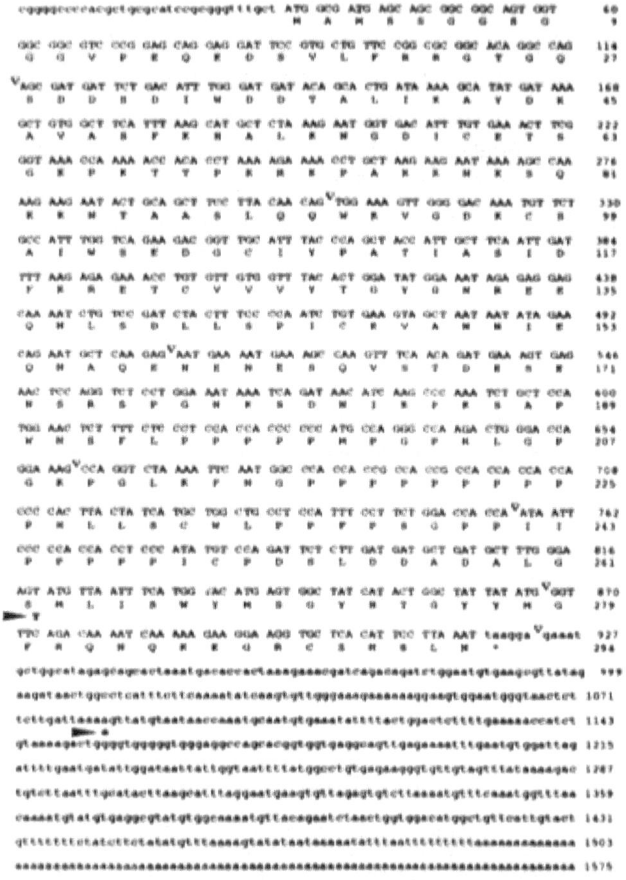

Séquence des transcrits du gène SMN1 comportant les jonctions introns-exons.
Les flèches noires indiquent les nucléotides divergents dans la séquence SMN2.
Les triangles indiquent les jonctions entre les exons.
(*) indique la position du codon stop

Duplication du gène SMN1

Le gène SMN1 possède une copie hautement homologue dans l'élément centromérique de la duplication (Ecen), appelée SMN2. L'analyse de séquence de ces deux gènes montre une organisation similaire et seules cinq substitutions nucléotidiques permettent de les distinguer. Une substitution nucléotidique est trouvée dans l'exon 7 mais ne change pas la séquence protéique alors que les quatre autres sont situées dans des séquences non codantes ou des introns.

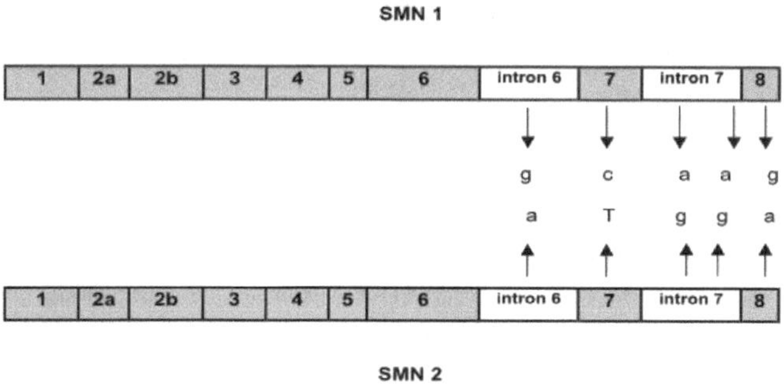

Les différences détectées dans les exons 7 et 8 ont été analysées en SSCP (polymorphisme de conformation du simple brin) et ont permis de distinguer le gène SMN1 de sa copie SMN2. Tous les ADN contrôles testés portent le gène SMN1 alors que le gène SMN2 est absent chez 4,4% d'entre eux, sans conséquences phénotypiques apparentes Cette absence du gène SMN2 chez certains contrôles suggère que le gène ancestral soit le gène SMN1.

Les gènes du locus ASI: SMN, NAIP, P44, Serf I

Des délétions du gène SMN1 ont été retrouvées à l'état homozygote chez 95% des patients des trois types. L'analyse de la corrélation génotype/phénotype ne permet pas d'expliquer la grande variabilité clinique de la maladie.

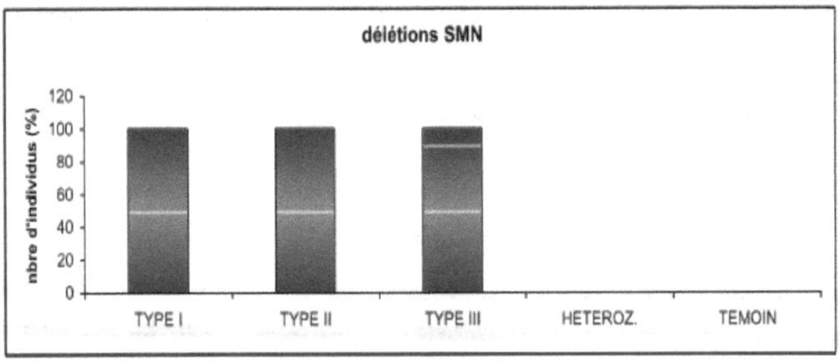

Cependant, l'étude des marqueurs flanquants du gène SMN1 (comme les marqueurs microsatellites C212 et C272) a permis d'observer une plus grande fréquence de délétions de large étendue chez les types I (Lefebvre, 1995).

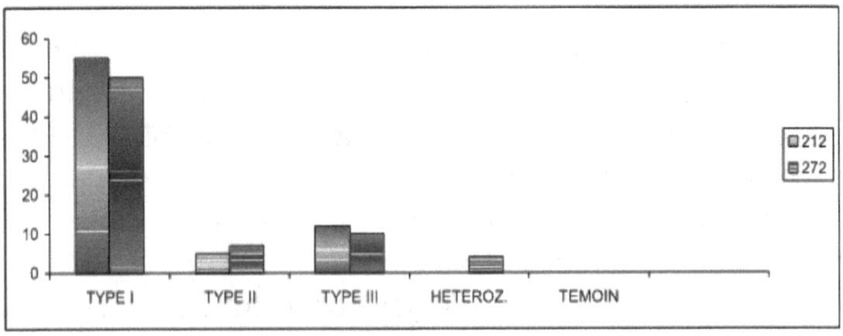

Il est possible que ces délétions atteignent d'autres gènes de la région ou des éléments régulateurs du gène SMN2. De plus, de rares observations de sujets asymptomatiques bien qu'haplo-identiques à des sujets atteints ont été rapportées (Cobben, 1995 ; Hahnen, 1995 ; Wang, 1996 ; Wirth, 1999), suggérant l'action de gènes modificateurs dans la pathogenèse de la maladie.

Trois autres gènes sont présents dans l'élément dupliqué où a été localisé et identifié le gène SMN. Il s'agit du gène *Neuronal Apoptosis Inhibitory Protein* (NAIP), nommé ainsi pour son homologie avec une protéine protégeant de l'apoptose dans des cellules d'insectes (Roy, 1995) et dont la fonction anti-apoptotique est conservée (Liston, 1996 ; Roy, 1997), du gène p44 qui code une sous-unité du facteur général de transcription TFIIH (Humbert, 1994, Van der Steege, 1995) et du gène H4F5 rebaptisé Serf I dont la fonction est inconnue (Scharf, 1998). Ces trois gènes sont également dupliqués dans l'élément centromérique :

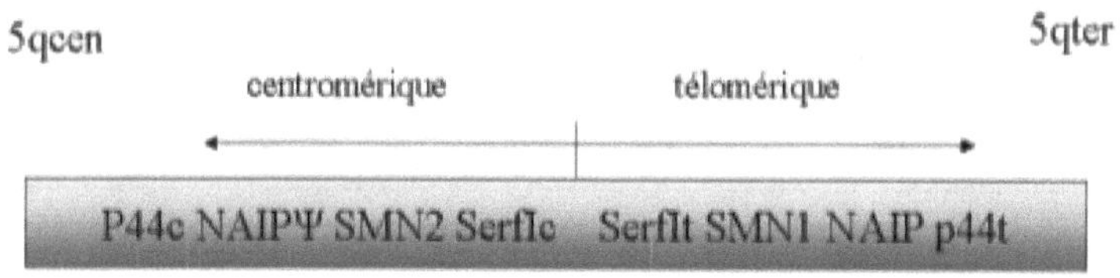

L'analyse des gènes SMN, NAIP et p44 chez des patients a montré une corrélation étroite entre la forme sévère de la maladie et l'étendue des délétions de la région: 68% des types I possèdent une délétion homozygote emportant les gènes SMN, NAIP et p44, contre 0% de types II et 4% de types III, alors que des délétions du gène SMN uniquement concernent 27% des types I, 93% des types II et 83,5% des types III (Burlet, 1996 ; Rodrigues, 1996 ; Velasco, 1996 ; Bürglen, 1997 ; Carter, 1997 ; Simard, 1997). Cependant, plus d'un quart des patients de type I présentent des petites délétions ou des mutations intrageniques du gène SMN1, suggérant que les gènes NAIP et p44 ne sont pas directement impliqués dans la sévérité des ASI.

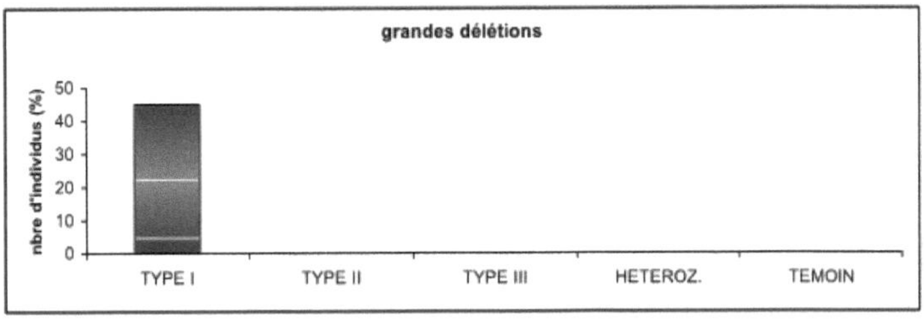

Les **grandes délétions** sont plus fréquentes chez les patients de **type I**

Epissage alternatif

Les gènes SMN produisent des transcrits alternatifs des exons 3 et 5. Le gène SMN2 produit aussi différentes isoformes selon l'épissage alternatif de l'exon 7: le transcrit SMNΔ7 est majoritaire alors que le transcrit pleine longueur représente 20 à 30% des transcrits (Lefebvre, 1995 ; Gennarelli, 1995).

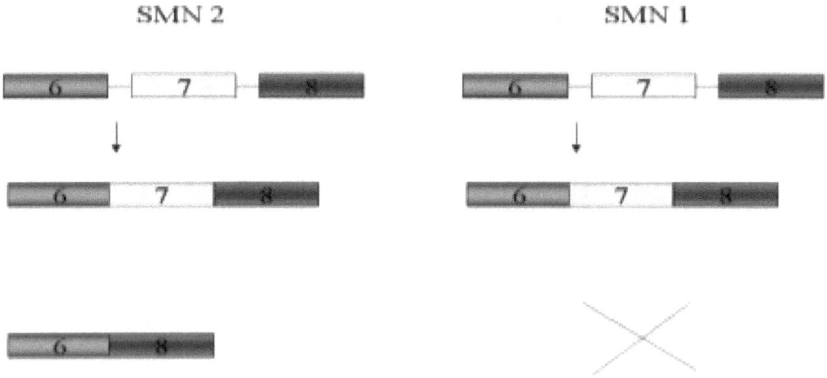

Un épissage alternatif de l'exon 3 a également été rapporté pour les deux gènes, mais non quantifié (Wirth, 2000).

L'épissage alternatif de l'exon 7, spécifique du gène SMN2 est dû à la divergence de l'exon 7 (transition C/T) entre les deux gènes (Lefebvre, 1995 ; Lorson, 1999 ; Monani, 1999). En effet, ce changement est nécessaire et suffisant à l'épissage de l'exon 7, par modification de l'activité d'un "enhancer" exonique (ESE pour "exon splicing enhancer").

La régulation de l'épissage de l'exon 7 est une base essentielle à la compréhension de l'impossibilité du gène SMN2 de compenser totalement la perte du gène SMN1. Trois enhancers de ce type ont été identifiés dans l'exon 7: SE1 en 5' (qui est affecté par la transition C/T) et SE3 en 3' sont des régions riches en CA ainsi que SE2, positionné au milieu de l'exon, une région riche en AG qui représente l'élément le plus fort :

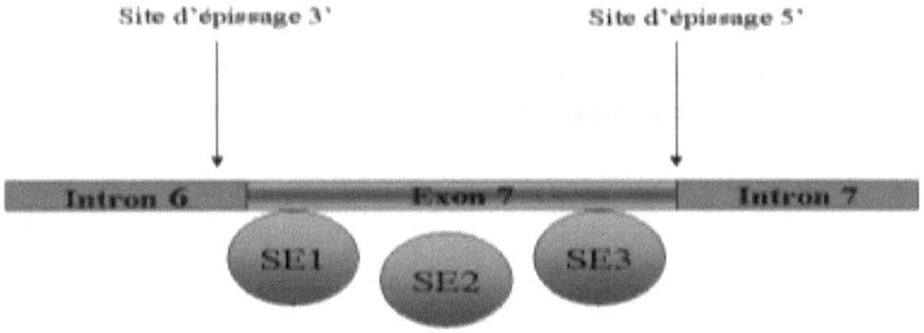

Le gène SMN2 possède également l'élément SE2 dans son intégralité mais celui-ci ne suffit pas à compenser totalement l'atteinte de SE1 à l'origine de l'épissage de l'exon 7 (Lorson, 2000 ; Cartegni,2002).

CHAPITRE V

LA PROTEINE SMN

PUBLICATIONS FAISANT L'OBJET DE CE CHAPITRE :

Bertrandy S, Burlet P, Clermont O, Huber C, Fondrat C, Thierry-Mieg D.
The RNA-binding properties of SMN: deletion analysis of the zebrafish orthologue defines domains conserved in evolution.
Human Molecular genetics .1999. 8:775-782

Lefebvre S, Burlet P, Viollet L, Bertrandy S, Huber C, Belser C, Munnich A
A novel association of the SMN protein with two major non-ribosomal proteins and its implication in spinal muscular atrophy
Human Molecular genetics 2002. 11:1017-1027

La protéine SMN

Localisation de la protéine SMN

Le gène SMN code une protéine de 294 acides aminés et de poids moléculaire de 38 kDa (Lefebvre, 1995 ; Liu, 1996 ; Lefebvre, 1997 ; Coovert, 1997).

La protéine SMN pleine-longueur est détectée dans les cellules HeLa de manière diffuse dans le cytoplasme et concentrée dans de nouvelles structures nucléaires, les gems, pour "Gemini of coiled bodies" (Liu, 1996 ; Lefebvre, 1997 ; Coovert, 1997).

Analyse en microscopie confocale sur cellules HeLa à l'aide d'anticorps spécifiques dirigés contre SMN (blanc) et la P-80 coilin (gris) marqueur des coiled-bodies. (d'après Dreyfuss G.).

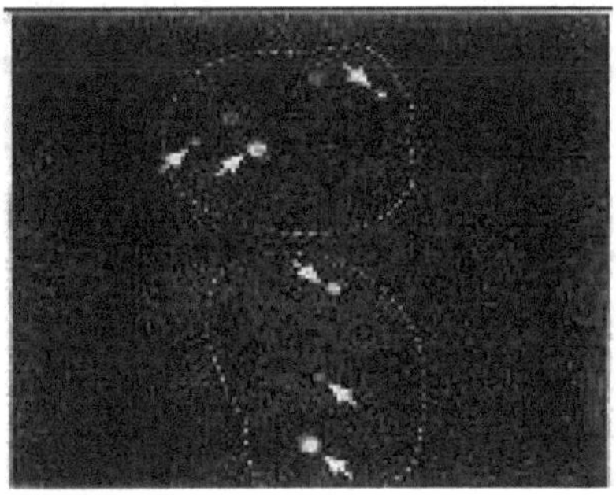

La protéine SMN est donc localisée dans le cytoplasme et les gems; Les gems sont souvent proches ou adjacents aux coiled bodies et de taille similaire (Liu, 1996). La co-localisation de ces deux structures indiquerait un lien fonctionnel probable (Liu, 1996 ; Matera, 1998-a ; Matera, 1998-b). Les coiled bodies (ou corps de Cajal) sont des structures sub-nucléaires de 0,1 à 1 µm de diamètre, décrites initialement en 1903 (Ramon y Cajal, 1903 ; revue: Matera, 1999-b).

La fonction exacte des coiled bodies n'est pas connue mais leur composition indique qu'ils auraient un rôle dans le métabolisme des snRNPs (small nuclear ribonucleoproteins) de l'épissage. Les coiled bodies sont un site nucléaire où SMN et les snRNPs sont co-localisés. Ils représentent un lieu d'assemblage où les snRNPs s'accumulent transitoirement jusqu'à un stade de maturation non connu, mais nécessitant le complexe SMN-Gemin2. La protéine SMN peut donc être présente soit dans les gems dépourvus de snRNPs qui représenteraient une structure de stockage, soit dans les coiled bodies où elle est associée aux snRNPs.

Rôle de SMN dans la biogenèse des snRNPs

La protéine SMN a tout d'abord été identifiée par la recherche en double hybride de protéines interagissant avec le hnRNPU (Liu, 1996). HnRNPU (heterogeneous nuclear ribonucleoprotein U) est une protéine nucléaire jouant un rôle important dans le traitement et le transport des ARN messagers (Dreyffus, 1993), ce qui suggère que la fonction de la protéine SMN puisse être liée au métabolisme des ARN.

Un second composant des gems a été identifié par la technique du double hybride utilisant la protéine SMN comme appât : il s'agit de la protéine Gemin2 qui interagit et est co-localisée avec la protéine SMN dans le cytoplasme et dans les gems (Liu, 1996 ; Liu, 1997). Le complexe protéique contenant les protéines SMN et Gemin2 a également été localisé dans les coiled bodies dans des cellules HeLa et des cellules Huh7 (cellules épithéliales de l'hépatome) et des neurones primaires (Carvalho, 1999).

De plus, un gène homologue au gène SMN à été identifié : SMN-related protéine (Talbot, 1998). La protéine SMN-rp (ou SPF30) a aussi été identifiée comme constituant du spliceosome (Neubauer, 1998). Le gène SMN-rp est localisé en 10q23-24.

Il apparaît donc que SMN a clairement un rôle dans la biogenèse des snRNPs.

La biogenèse des snRNPs est composée de plusieurs étapes:

Les snRNA transcrits dans le noyau sont exportés vers le cytoplasme ; dans le cytoplasme les snRNAs s'associent avec les protéines Sm (voir schéma ci-dessous). (c'est à cette étape qu'interviennent les protéines SMN et Gemin) ; Les snRNAs subissent ensuite une hyperméthylation de leur coiffe 7 méthylguanosine en 2,2,7-triméthylguanosine (m_3G) ainsi que le traitement de leur extrémité 3'

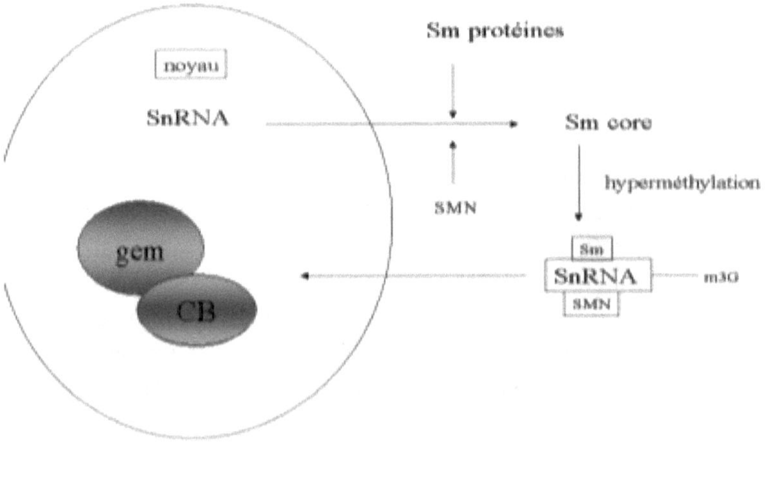

Juste avant ou juste après l'import des snRNAs dans le noyau, des nucléotides internes sont modifiés et plus de trente protéines spécifiques complètent leur biogenèse (Zieve, 1990).

L'analyse du complexe moléculaire de 300 kDa contenant les protéines SMN et Gemin2 montre la présence de protéines Sm des snRNPs. Plus précisément, la protéine SMN interagit *in vitro* avec les protéines Sm B, D1, D2, D3 et E. Des analyses de liaison montrent que la protéine SMN possède un site de liaison pour les protéines Sm et un site de liaison pour la protéine Gemin2 (Liu, 1997). Les régions riches en arginine et glycine en C-terminal des protéines SmD1 et D3 sont nécessaires à cette liaison (Friesen, 2000).

L'analyse du complexe SMN- Gemin2 dans des ovocytes de Xénope montrent le rôle essentiel de ces protéines dans la biogenèse des snRNPs (Fischer, 1997). En effet, SMN et SIP1 interagissent avec les snRNA U1 et U5 dans le cytoplasme, avant leur assemblage en snRNPs et leur importation dans le noyau (schema d'après Lewis et Tollervey) :

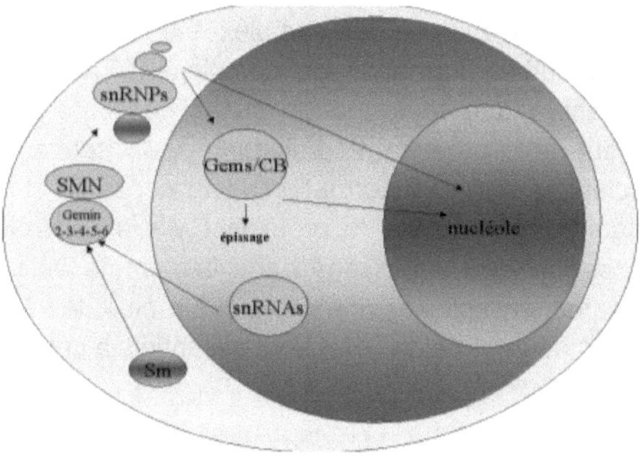

L'introduction d'une protéine SMN recombinante privée des 27 premiers acides aminés (SMNΔ27), dans des cellules HeLa entraîne une réorganisation des snRNPs, des gems et des coiled bodies (Pellizzoni, 1998) : l'assemblage des snRNPs est bloqué dans le cytoplasme.

Une autre protéine, la protéine pICln se lie aux protéines Sm (Pu, 1999) et inhibe l'assemblage des protéines Sm avec les snRNA U et avec la protéine SMN, ce qui indique un rôle de la protéine pICln dans la régulation de la biogenèse des snRNPs. L'hypothèse proposée est que l'inhibition de la liaison des protéines Sm avec la protéine SMN, par liaison avec la protéine pICln, entraîne l'inhibition de l'assemblage des snRNPs. pICln et SMN auraient donc un rôle opposé et exclusif dans la régulation de la biogenèse des snRNPs.

Rôle dans l'épissage des ARN pré-messagers

La protéine SMNΔ27 bloque l'épissage du pré-mRNA de la d-cristalline du poulet dans des expériences d'épissage *in vitro* (Pellizzoni, 1998). L'analyse des complexes d'épissage montre que ce mutant bloque la formation du complexe C (voir schema ci-dessous), c'est à dire la formation du spliceosome mature. Par ailleurs, l'ajout de la protéine recombinante SMN sauvage dans les extraits nucléaires stimule la formation du spliceosome et l'épissage. Ces résultats suggèrent que la protéine SMN a un rôle dans le maintient des snRNPs d'épissage dans leur forme active et dans leur organisation en spliceosome mature. De plus, les 27 premiers acides aminés de la protéine SMN sont essentiels à cette étape.

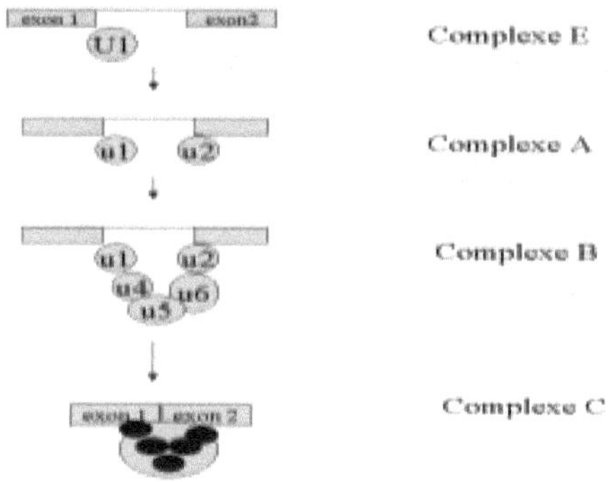

La protéine SMN a donc un rôle à la fois dans la biogenèse des snRNPs et dans leur fonction. De plus, il existe une relation fonctionnelle entre les gems et les coiled bodies puisque le mutant SMN entraîne une réorganisation de ces deux structures. Les snRNPs sont fortement concentrés dans les coiled bodies, il est possible que leur fonction les conduise à une forme inactive et que les protéines SMN et SIP1 aient un rôle dans leur conversion en forme active.

L'équipe de G. Dreyfuss propose que la protéine SMNΔ27 entraîne la formation de complexes non fonctionnels qui s'accumulent dans le cytoplasme, bloquant ainsi l'épissage, alors que la protéine SMN sauvage participe au recyclage des facteurs d'épissage. Par ailleurs, A.G. Matera propose une autre hypothèse selon laquelle la protéine SMN n'aurait pas de lien direct avec le processus d'épissage mais que sa sur-expression entraînerait une désorganisation ou une séquestration des facteurs d'épissage (Matera, 1999-a).

La protéine SMN possède la propriété d'oligomérisation

Lors des études d'interactions par double-hybride chez la levure, il a été montré que la protéine SMN interagissait avec elle-même (Liu, 1996). En co-immunoprécipitant la protéine SMN endogène avec une protéine SMN recombinante on confirme les résultats du double-hybride (Lorson, 1998-a).

De même, par des analyses de liaison *in vitro* cette capacité d'auto-association de la protéine SMN a également été confirmée. Afin de déterminer la région directement responsable de l'oligomérisation (exon 6 : résidus 249 à 278, exon 2b), la capacité d'auto-association a été testée avec des protéines SMN recombinantes délétées de différents exons (young, 2000).

Une corrélation a été mise en évidence entre la sévérité de la maladie et la capacité d'oligomérisation de la protéine SMN. Des mutations faux-sens du gène SMN ont été étudiées pour la capacité de la protéine correspondante à s'auto-associer (Lorson, 1998-a): G279V de l'exon 7 et Y272C, T274I et S262I de l'exon 6. Cette propriété est certainement à la base de la fonction de la protéine SMN dans l'assemblage des snRNPs et la régénération du spliceosome puisqu'un défaut d'oligomérisation inhibe la capacité de la protéine SMN de se lier aux snRNPs (les protéines Sm sont associées avec de larges oligomères de la protéine SMN de masse moléculaire de 500 kDa) (Pellizzoni, 1999).

La protéine SMN possède un domaine tudor

Un domaine TUDOR situé dans l'exon 3 de la protéine SMN (AA 91 à 145) a été mis en évidence (Pontig, 1997). Ce sont des motifs décrits dans de nombreuses protéines, initialement pour une protéine de drosophile (protéine TUDOR). Leur fonction n'est pas connue mais ces motifs sont conservés dans l'évolution et on les retrouve souvent dans des protéines possédant la capacité de lier les ARN.

Afin d'étudier les effets de mutations de l'exon 3 sur la formation des gems, la mutation faux-sens E143K (retrouvée chez un type I), ainsi qu'une mutation ponctuelle artificielle du résidu 104, ont été introduites dans des protéines de fusion exprimées dans des cellules HeLa (Mohaghegh, 1999). La sur-expression de ces protéines mutantes n'inhibe pas la formation des gems. Le domaine tudor doit certainement avoir un autre rôle dans la fonction de la protéine SMN puisque son altération conduit à un phénotype ASI de type I.

Des analyses de liaison de différents fragments de la protéine SMN avec des protéines Sm montrent que la partie C-terminale du domaine tudor (acides aminés 120 à 160) est essentiel à la liaison avec les protéines Sm (Bühler, 1999).

De plus la capacité de liaison aux protéines Sm est fortement diminuée par la mutation E134K dans le domaine tudor. Par ailleurs, l'assemblage des snRNPs *in vivo* est inhibé par des anticorps dirigés contre le domaine tudor sans interférer avec les autres fonctions de la protéine SMN, l'oligomérisation ou la liaison avec SIP1.

La protéine SMN fonctionne donc comme un facteur d'assemblage des snRNPs *in vivo*, utilisant sa capacité de lier les protéines Sm médiée par le domaine tudor.

La protéine SMN possède un domaine de liaison aux acides nucléiques

L'exon 2 de la protéine SMN révèle un domaine de liaison à l'acide nucléique, ARN ou ADN (Lorson, 1998-b). Cet exon présente une homologie avec des facteurs de liaison aux acides nucléiques tel que les protéines HMG (high mobility group). L'analyse *in vitro* des capacités de liaison avec des homopolymères ribonucléiques montre une forte affinité pour le polyG.

Les exons 2a et 2b sont importants pour cette fonction de liaison aux acides nucléiques. Des mutations de l'exon 6, correspondant au domaine d'oligomérisation, diminuent fortement cette capacité de liaison.

La protéine SMN possède donc une capacité de liaison aux acides nucléiques qui doit être liée à la fonction de la protéine SMN dans le métabolisme des ARNs.

Le clonage des gènes SMN orthologues chez le poisson-zèbre *Danio rerio*, vertébré inférieur, et le nématode *Cænorhabditis elegans*, invertébré, a été réalisé dans le but d'identifier des domaines conservés dans l'évolution, donc particulièrement importants pour la ou les fonctions de la protéine SMN.

De plus, l'analyse des propriétés fonctionnelles des protéines orthologues permet de valider un modèle biologique et de fournir des bases pour l'étude de la ou les fonctions SMN au cours de l'évolution.

L'alignement des séquences protéiques SMN orthologues (homme, souris, poisson-zèbre et nématode) met en évidence des domaines particulièrement conservés dans l'évolution, aux extrémités N et C terminales des protéines (Bertrandy,1999). L'analyse comparative à l'aide des banques de données PRODOME et PROSITE nous a permis d'identifier une homologie faible pour le domaine "tudor" qui avait été identifié dans des études précédentes, ainsi qu'une homologie pour le motif RNP1 like. Le motif RNP1 est habituellement retrouvé avec un motif RNP2 dans des protéines ayant la capacité de lier les acides nucléiques, ADN ou ARN.

La caractérisation des capacités de liaison aux ARNs de la protéine SMN recombinante du poisson-zèbre a été réalisée. Ces tests montrent que la protéine pleine longueur est capable de lier cet ARN *in vitro*, alors que la délétion des 105 premiers acides aminés (exons 1 au début de l'exon 3) abolit totalement cette capacité. De plus, la protéine contenant uniquement les 76 premiers acides aminés (couvrant de l'exon 1 à la fin de l'exon 2b) interagit très fortement avec les ARNs, ce qui indique que le motif RNP1 de l'exon 3 n'est pas actif dans cette liaison. Par ailleurs, la délétions des 138 derniers acides aminés (délétion des exons 4 à 7), qui représente une mutation de décalage du cadre de lecture retrouvée chez des patients, abolit également totalement la liaison.

La caractérisation de la capacité de liaison des protéines SMN orthologues aux ARN a été réalisée par des tests de liaison à des homopolymères de ribonucléotides: polyA, polyU, polyC et polyG. La protéine SMN pleine longueur du poisson-zèbre se lie aux homopolymères de ribonucléotides polyA, polyU, polyC et polyG avec une affinité plus forte pour le polyG :

Par contre, les tests de liaison aux homopolymères de la construction correspondant au domaine de liaison aux ARN (76 premiers acides aminés, de l'exon 1 à la fin de l'exon 2b) ne montrent pas les mêmes caractéristiques de liaison. Dans ce cas, seule la liaison au polyG subsiste, ce qui indique un rôle pour d'autres domaines protéiques dans la modulation des capacités de liaison :

En effet la construction comprenant les 105 premiers acides aminés (de l'exon 1 au début de l'exon 3) montre des caractéristiques de liaison équivalentes à celle de la protéine pleine longueur.

Par ailleurs, la construction représentant une mutation humaine (délétion des 138 derniers acides aminés) conserve la capacité de liaison aux différents homopolymères mais perd l'affinité accrue pour le polyG. Il existe donc des domaines régulateurs de la liaison aux ARN indépendants du domaine de liaison situé en position N-terminale.

La protéine SMN humaine possède une capacité de liaison aux acides nucléiques, aux ARN mais aussi à l'ADN, par l'intermédiaire d'un même domaine chevauchant les exons 2a et 2b (Lorson, 1998-b). La protéine SMN du poisson-zèbre possède aussi une forte capacité de liaison à l'ADN et plus particulièrement au double brin.

Ces résultats indiquent un rôle de la protéine SMN dans le métabolisme des ARN conservé au cours de l'évolution. La conservation de cette ou ces fonctions suggère un rôle important de la protéine SMN pour l'organisme.

SMN lie les domaines riches en arginine-glycine (RG domaines)

Certaines arginines des domaines RG ou RGG sont modifiées en diméthylarginines, une modification fréquente mais dont la fonction est encore peu claire. Il a été montré que SMN lie préférentiellement les protéines Sm ayant des domaines RG contenant des diméthylarginines modifiées (Friesen, 2000). Ces protéines Sm sont les Sm D1 et D3. Il apparaît donc que la méthylation des arginines est un nouveau mécanisme qui permet les interactions protéines-protéines et génère une grande affinité pour la liaison à la protéine SMN.

Une relation entre SMN et le métabolisme des snoRNPs (small nucleolar ribonucleoproteins) à été suggérée par l'intéraction en système double hybride avec la fibrillarine (Liu, 1997), la localisation nucléolaire de GEMIN4 (charroux, 2000), et l'intéraction avec d'autres protéines du nucléole, comme la nucléoline (qui a un domaine RGG) et la protéine B23 (Lefebvre, 2002). Une étude montre que la fibrillarine et GAR1 (qui sont des snoRNPs) lient directement SMN et que les domaines RGG sont nécessaires à cette interaction (Pelllizzoni, 2001 ; Jones, 2001). La coïlin est un marqueur des coiled bodies. Des travaux suggèrent que SMN soit recrutée au sein des coiled bodies via une interaction avec la coilin et cette interaction a lieu grâce au domaine RG de la coilin. Le groupe de G. Dreyfuss montre que la RNA hélicase A (RHA) interagit avec SMN. RHA s'associe avec la ARN polymerase II et joue un rôle dans la transcription. Cette interaction s'effectue encore une fois grâce au domaine RGG de la RHA.

Ces interactions suggèrent donc des rôles différents pour la protéine SMN comme le montre ce schéma (d'après Terns) :

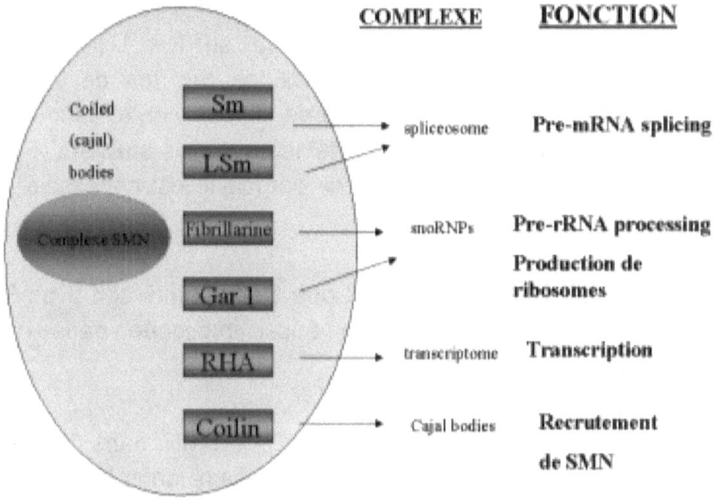

COMPLEXE
FONCTION
Coiled
(cajal)
bodies
Complexe SMN
Sm
LSm
Fibrillarine
Gar 1
RHA
Coilin
spliceosome
Pre-mRNA splicing
snoRNPs
Pre-rRNA processing
Production de ribosomes
transcriptome
Transcription
Cajal bodies
Recrutement de SMN

La protéine SMN et les protéines Gemin

Par la technique du double hybride, un composant des gems a été identifié en utilisant la protéine SMN comme appât : il s'agit de la protéine Gemin2. Cette protéine interagit et est co-localisée avec la protéine SMN dans le cytoplasme et dans les gems (Liu, 1996 ; Liu, 1997).

Le complexe SMN- Gemin2 est associé aux snRNAs U1 et U5 dans le cytoplasme. Des expériences dans les oocytes de Xenopes montrent qu'en injectant des anticorps dirigés contre Gemin2 on empêche l'assemblage des Sm protéines avec les snRNAs (Fisher, 1997). Les auteurs concluent que ce complexe est nécessaire à la biogénèse des snRNPs.

Des études d'interactions montrent que Gemin2 intéragit avec SMN au niveau de l'exon 2b, région aussi impliquée dans l'auto-association de SMN (Young, 2000).

On retrouve aussi co-localisés Gemin2 et SMN dans les coiled bodies où ce complexe semble être nécessaire dans la maturation des snRNPs (Carvalho, 1999).

L'expression de la protéine Gemin2 décroît au cours du développement de la même façon que SMN mais dans les neurones on observe que les fonctions de SMN ne sont pas dépendantes de Gemin2 (Jablonka, 2001).

Cependant le niveau de protéine Gemin2 est réduit chez les patients SMA. Le gène de Gemin2 à été localisé sur le chromosome 14q13-q21 et séquencé chez des patients SMA (Helmken, 2000). Aucune mutation n'ayant été trouvée, on peut conclure que ce gène n'est pas un gène modificateur du phénotype SMA.

Un autre composant des gems a été identifié (Charroux, 1999). Gemin3 est une protéine de 824 acides aminés et de poids moléculaire de 92,2 kDa. Une hélicase, DP103, et identique à Gemin3, interagissant avec la protéine SMN dans des tests de double hybride a été identifiée par une autre équipe (Campbell, 2000). La protéine Gemin3 est localisée dans le cytoplasme et dans les gems nucléaires. De plus, les protéines Gemin3, SMN, Gemin2 et Sm sont associées *in vivo* dans un complexe protéique. Gemin3 interagit in vitro avec les protéines SMN et Sm, grâce à un site situé dans la moitié C-terminale de la protéine SMN (acides aminés 456-547), et DP103 interagit avec l'exon 4 de SMN. Les protéines recombinantes mutantes SMNY272C et SMNΔ7 ont une capacité de liaison réduite pour Gemin3.

La protéine Gemin3 possède une forte homologie de séquence avec l'hélicase à ARN du facteur d'initiation eucaryote elf4A-II (De La Cruz, 1999), et possède une boite DEAD. Les protéines à boite DEAD agissent dans le métabolisme des ARNs : épissage, traduction, interaction snRNP-snRNP, dégradation et transport des ARN messagers. Si l'hypothèse est que la protéine SMN a un rôle dans le noyau dans l'assemblage de la machinerie d'épissage et son maintien dans une forme active (Pellizzoni, 1998), elle devrait recruter d'autres protéines capables de modifier la structure des cibles RNP dont la protéine Gemin3 (Charroux, 1999).

Gemin4, un autre composant des gems, est une protéine de 1058 acides aminés et de poids moléculaire de 97 kDa (Charroux, 2000).

Elle appartient au complexe protéique SMN qui contient également Gemin2 et Gemin3/DP103. Elle interagit directement avec Gemin3 ainsi qu'avec des protéines Sm. De plus, Gemin4 est associée à des snRNA U1 et U5 dans le cytoplasme d'oocytes de xénope avant leur assemblage en snRNP.

Gemin4 est une nouvelle protéine qui ne possède pas d'homologie avec d'autres protéines des banques de données. Son association avec Gemin3 suggère qu'elle pourrait être un co-facteur de cette hélicase putative.

La protéine Gemin4 est détectée dans le cytoplame, dans les gems ainsi que dans le nucléole. SMN et Gemin4 sont des composants du complexe protéique SMN qui montrent une localisation nucléolaire. Etant donnée l'interaction entre la protéine SMN et la fibrillarine, composant du nucléole, il est possible que le complexe SMN ait également un rôle dans le métabolisme des ARN ribosomaux.

Gubitz reporte l'identification d'un nouveau composant de ce complexe, une nouvelle protéine appelée Gemin5. Gemin5 lie SMN directement et interagit avec plusieurs snRNPs dont SmB, SmD1, SmD2, SmD3, et SmE suggérant qu'il participe à l'activité du complexe SMN dans l'assemblage des snRNPs. L'immunolocalisation montre que Gemin5 est présente dans le cytoplasme et le noyau où cette protéine co-localise avec SMN dans les gems. La présence de treize répétitions WD dans la partie N-terminale de Gemin5 et un motif coiled-coil prés de la partie C-terminale indique que Gemin5 forme un large complexe et est engagée dans de multiples interactions.

Afin de compléter la caractérisation des composants du complexe, des lignées cellulaires stables qui expriment SMN ou Gemin2 sous le contrôle d'un promoteur inducible par la tétracycline ont été générées. Les complexes isolés par immunoprecipitation avec un anticorps anti-SMN ont été purifiés par chromatographie (Pellizzoni, 2001c). Cette approche a permis d'identifier Gemin6. Co-immunoprécipitation, immuno-localisation , expériences de liaison *in vitro* montrent que Gemin6 est un composant du complexe SMN, est localisé dans les gems et interagit avec des Sm protéines.

Les protéines interagissant avec SMN

De nombreuses protéines ont été décrites comme interagissant directement ou indirectement avec SMN. Beaucoup ont un rôle dans le métabolisme des ARN, mais d'autres suggèrent de nouvelles fonctions pour SMN.

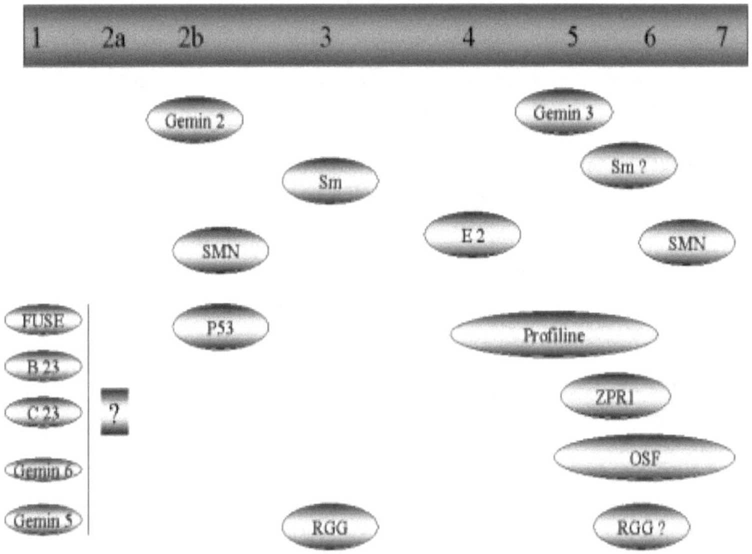

CHAPITRE VI

ANALYSE DU GENE SMN1

CHEZ LES PATIENTS

PUBLICATIONS FAISANT L'OBJET DE CE CHAPITRE :

Melki J, Abdelhak S, Burlet P, et al.
Prenatal prediction of Werdnig-Hoffmann disease using linked polymorphic DNA probes
Journal of medical genetics. 1992. 29:171-174

Clermont O, Burlet P, et al.
Mutation analysis of the SMN gene in undeleted SMA patients
American Journal of Human Genetics.1995. 61 : 1923

Clermont O, Bürglen L, Burlet P, Lefebvre S, et al.
Genetic analysis of unusual pedigrees using SMN, NAIP genes and markers C212 and C272.
Am. J. Hum. Genet. 1995. 57 :1370.

Clermont O, Burlet P, Lefebvre S, Bürglen L, Munnich A, Melki J.
SMN gene deletion in adult-onset spinal muscular atrophy .
The Lancet: 1995. 346:1712

Bürglen L, Amiel J, Viollet L, Lefebvre S, Burlet P, Clermont O, Raclin V, Landrieu P et al.
SMN gene deletion in the arthrogryposis multiplex congenita-spinal muscular atrophy association.
Journal of Clinical Investigation. 1996. 98:1130-1132

Viollet I, Barrois A, Burlet P, et al.
Autosomal recessive distal SMA with diaphragmatic palsy in childhood and SMA with respiratory distress are linked to the same locus
Annals of Neurology 2002. 51:581-592

Analyse du gène SMN1 chez les patients

Les différences présentes dans les exons 7 et 8 des gènes SMN1 et SMN2, détectable en SSCP, a permis l'analyse de 229 patients des trois types et 246 individus contrôles. Les exons 7 et 8 du gène SMN1 ne sont pas détectables chez 93% des individus ASI, suggérant une délétion du gène, alors que le gène SMN2 est identifié dans 100% des cas. De plus, 5,6% des patients présentent une délétion de l'exon 7 uniquement.

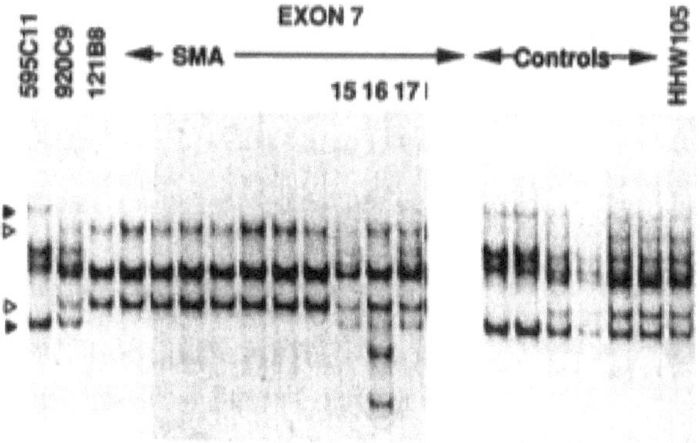

Analyse SSCP de l' exons 7 chez des YACs, l'hybride somatique HHW105, des contrôles et des patients SMA. Cette analyse permet de différencier le gène SMN1 du gène SMN2. Les flèches noires indiquent les bandes présentes sur le Yacs 595C11 correspondant à l'élément télomérique ; Les flèches blanches indiquent les bandes présentes sur le Yacs 121B8 correspondant à l'élément centromérique. La bande de taille anormale piste 16 correspond à la délétion de 7pb retrouvée dans le site accepteur d'épissage de l'intron 6. Pistes 15 et 17 : autres mutations.

Les mutations du gène SMN1

Le gène SMN1 est délété chez 98,6% des patients et possède des mutations ponctuelles dans les autres cas (Lefebvre, 1995). Des résultats similaires ont été obtenus par d'autres équipes (Bussaglia, 1995 ; Rodrigues, 1995 ; Lefebvre, 1995 ; Van Der Steege, 1995 ; Chang, 1995 ; Hahnen, 1995 ; Capon, 1996 ; Erdem, 1999).

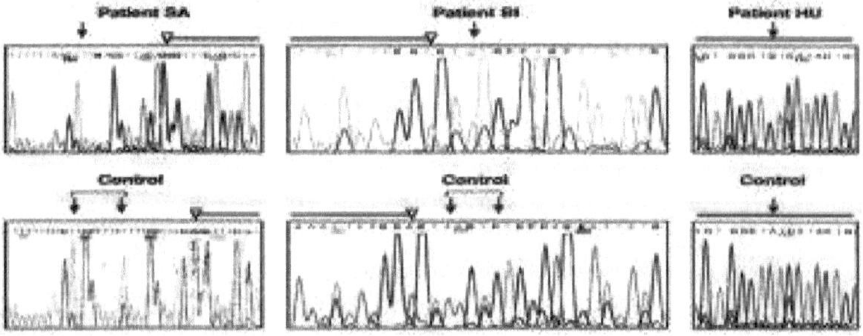

Premières **mutations** décrites dans les SMA (Lefebvre, 1995). Sa : 7 pb délétées dans l'intron 6 ; Bi : 4 pb délétés dans l'intron 7 ; Hu : mutation ponctuelle (codon 272)

Enfin, de rares mutations ponctuelles faux-sens, micro-délétions et micro-duplications entraînant un décalage du cadre de lecture ou des mutations d'épissage ont été rapportées (Lefebvre, 1995 ; Bussaglia, 1995 ; Parsons, 1996 ; Brahe, 1996 ; Bürglen, 1996 ; Talbot, 1997 ; Hahnen, 1997 ; Clermont, 1997 ; McAndrew, 1997 ; Rochette, 1997 ; Parsons, 1998; Wang, 1998 ; Wirth, 1999 ; Wirth, 2000).

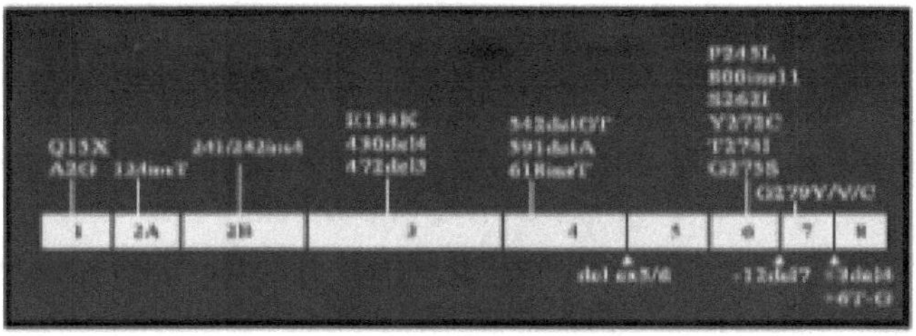

Les **mutations** décrites
dans le gène SMN.

Etant donné que la plupart des patients portent des délétions homozygotes du gène SMN1, la caractérisation de mutations intragéniques permet d'identifier des domaines fonctionnels importants pour la protéine SMN. En effet, on remarque que plus de la moitié des mutations intragéniques faux-sens identifiées sont localisées dans l'exon 6. L'exon 6 semble donc être un domaine fonctionnel essentiel particulièrement sensible aux mutations.

Analyse du gène SMN1 dans les formes de l'adulte et atypiques d'ASI

Il existe certaines formes de l'adulte ayant une amyotrophie spinale tardive (ASI de type IV). Des études montrent qu'au moins une partie des types IV est liée à des délétions du gène SMN1 et constitue donc bien une forme d'ASI tardive. Nous avons décrit le cas d'un patient présentant une délétion homozygote des exons 7 et 8 du gène SMN (Clermont, 1995) dont les symptômes ont débuté à l'âge de 47 ans alors que trois de ses enfants étaient décédés de type II. Une première étude d'un groupe italien avait déjà mis en évidence une délétion homozygote du gène SMN1 chez un cas de type IV (Brahe,1995). Ces études montrent qu'au moins une partie des types IV est liée à des délétions du gène SMN1 et constitue une forme d'ASI tardive.

Nous avons étudié des patients atteints d'ASI associées à une cardiopathie congénitale. L'étude moléculaire a mis en évidence une délétion homozygote du gène SMN chez certains de ces patients. Chez les patients non délétés aucune mutation n'a été trouvée (Bürglen, 1995-b).

En 1996, notre groupe a analysé douze cas d'arthrogrypose avec atteinte de la corne antérieure de la moelle épinière. L'analyse du gène SMN1 a montré une délétion dans la moitié des cas (6/12). L'étude en SSCP n'a pas permis d'identifier de mutations ponctuelles chez les patients non délétés (Bürglen, 1996-b).

En 1995, deux familles dont les patients présentent une atteinte de la corne antérieure de la moelle épinière avec atrophie olivopontocérebelleuse ont été étudiées par les groupes anglais (Dubowitz, 1995) et allemand (Rudnik-Schöneborn, 1995), rejetant l'hypothèse d'une liaison de ces formes atypiques avec le locus 5q13.

Par ailleurs, notre groupe a localisé une région candidate sur le chromosome 11q13-q21 pour le gène d'une forme de SMA distale avec paralysie diaphragmatique (DSMA) ; Dans cette région était déjà localisé le gène d'une autre forme de SMA distale (SMARD), le gène IGHMBP2 (Grohmann, 2001). Le séquençage du gène IGHMBP2 ne montre pas de profils anormaux dans notre cohorte de malades suggérant que ce gène ne soit pas en cause.

Diagnostic génétique des ASI

L'identification du gène SMN a permis de mettre en place des tests génétiques pour des confirmations de diagnostic et le diagnostic prénatal de la maladie (Lefebvre, 1995 ; Van Der Steege, 1995). L'analyse des marqueurs C212 et C272, les plus proches des gènes SMN1 et SMN2, permet d'identifier des délétions du gène SMN1 et d'établir les différents haplotypes qui s'égrégent dans une famille en vue d'un éventuel diagnostic prénatal.

Le test ACRS est basé sur la divergence nucléotidique présente dans l'exon 7 et permet de créer artificiellement un site de restriction DraI dans le gène SMN2 en utilisant une amorce modifiée pour l'amplification par PCR. Après amplification par PCR des deux exons, il est possible de distinguer les gènes SMN1 et SMN2 par digestion par les enzymes de restriction appropriées.

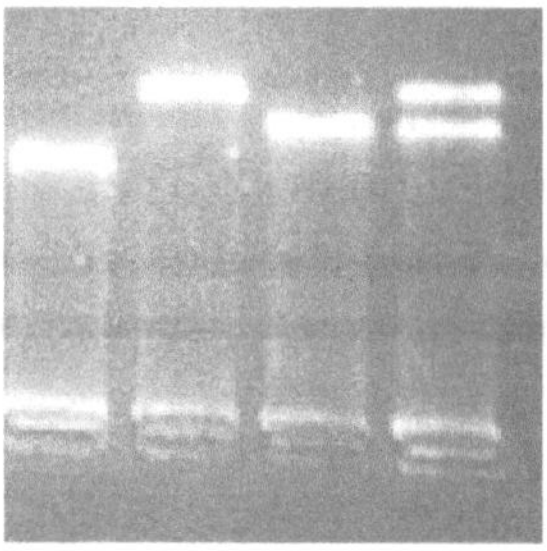

Test ACRS (artificialy created restriction site) . Première piste : PCR non digérée ; seconde piste : individu délété pour le gène SMN1; troisième piste: individu n'ayant que le gène SMN1; Dernière piste : individu ayant les deux gènes

Il existe des mutations *de novo* (Melki, 1994 ; Capon, 1995 ; Raclin, 1997). Dans ce cas, le risque de récurrence au sein de la même famille est très faible en l'absence de mosaïque germinale dont un seul cas a été rapporté (Campbell, 1998). Leur fréquence est difficile à évaluer en raison du manque possible d'informativité des marqueurs C212 et C272, mais a été estimée à 2% (Wirth, 1997).

De plus, une disomie uniparentale, évènement déjà rapporté (Brzustowicz, 1994) ne peut être distinguée d'une mutation *de novo* si d'autres marqueurs du chromosome 5 ne sont pas étudiés. Dans ce cas, le risque de récurrence est également très faible.

Detection des hétérozygotes

La fréquence des hétérozygotes est estimée à 1/50 dans la population générale. Plusieurs groupes ont mis au point des tests pour le dépistage des hétérozygotes (Feldkotter, 2001 ; Samprini, 2001 ; Saugier-Veber, 2001 ; Mailman, 2001 ; Diep Tran, 2001 ; Ogino, 2001 ; Scheffer, 2000 ; Gerard, 2000 ; Wirth, 1999 ; Chen, 1999 ; Schwartz, 1997 ; McAndrew, 1997 ; Rochette, 1997).

Ces tests sont basés sur l'amplification réalisée en PCR multiplex des exons 7 des gènes SMN1 et SMN2 ainsi qu'un gène de référence (contrôle interne). Les produits de PCR sont digérés par l'enzyme DraI afin de distinguer les produits des gènes SMN1 et SMN2. Les quantités sont ensuite estimées à partir de l'intensité des pics sur séquenceur et le nombre de copies de chacun des gènes peut être évalué.

Néanmoins, ce test reste délicat puisqu'une petite proportion d'hétérozygotes possédent deux copies du gène SMN1, les deux copies étant situées sur le même chromosome, situation non distinguable de celle où les deux copies sont en trans sur chaque chromosome et estimée à 4% (McAndrew, 1997 ; Wirth, 1999 ; Mailman, 2001). On peut aussi rencontrer des individus possédant deux copies du gène SMN1, mais dont une copie porte une mutation intragénique et donc jugés non-hétérozygotes. Enfin, il est également possible mais très rare qu'un individu non-hétérozygote transmette un allèle délété, du fait d'une néo-mutation (Chen, 1999).

L'analyse des fragments obtenus diffère par la technique ; la plupart des groupes utilisent un séquenceur automatique (Saugier-Veber, 2001 ; Scheffer, 2000 ; Gerard, 2000; Chen, 1999). D'autres utilisent la SSCP (single strand conformation polymorphism) (Samprini, 2001) ou bien le light-cycler (PCR quantitative) (Feldkotter, 2001).

Diagnostic pré-implantatoire

Le diagnostic pré-implantatoire (DPI) est une alternative au diagnostic prénatal et permet à des couples à risque de réduire les risques d'une grossesse sans être confrontés à la décision d'interrompre une grossesse. Cette technique combine la fécondation *in vitro* (FIV) et les techniques de biologie moléculaire utilisant l'analyse sur cellule unique. Avec un taux de réussite faible (20 à 30%), la FIV est plutôt indiquée pour les couples avec des antécédants difficiles.

La biopsie de blastomères se fait au stade de 6-10 cellules, trois jours post insémination. L'analyse génétique est réalisée en 24 heures et les embryons sains sont transférés dans l'utérus maternel le quatrième jour après la FIV.

Cette technique a été éffectuée dans le cas de l'amyotrophie spinale (Dreesen, 1998 ; Fallon, 1999). Elle est possible maintenant en France dans trois centres de génétique. Il s'agit d'une méthode délicate mais elle offre une alternative aux couples ayant eu un premier enfant atteint et des avortements thérapeutiques répétés.

Biopsie d'embryon humain. Un blastomère est aspiré à l'aide d'une pipette et une analyse sera pratiquée sur cette cellule afin de déterminer le statut génétique de l'embryon

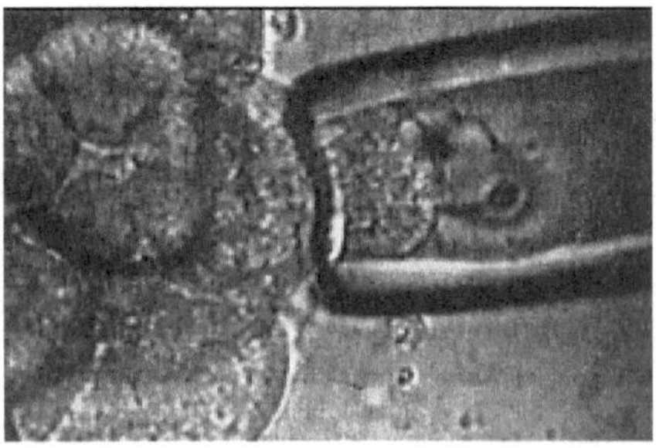

CHAPITRE VII

ROLE MODIFICATEUR DU GENE SMN2

PUBLICATIONS FAISANT L'OBJET DE CE CHAPITRE :

Melki J, Lefebvre S, Bürglen L, Burlet P, Clermont O, Millasseau P, Reboullet S, et al.
Physical study of big fragments and search strategy of genes. Application to locus of infant spinal muscular atrophies.
C R Seances Soc Biol Fil . 1994. 188:495-8

Melki J, Lefebvre S, Bürglen L, Burlet P, Clermont O, Millasseau P, Reboullet S, et al.
De novo and inherited deletions of the 5q13 region in spinal muscular atrophies.
Science 1994. 264:1474-1477

Melki J, Lefebvre S, Bürglen L, Burlet P, Clermont O, et al
Délétions héritées et de novo dans les Amyotrophies Spinales
Médecine:Sciences 1994 10:889-891

D'abord nous avons démontré que la délétion seule du gène SMN1 ne suffit pas à expliquer la sévérité de la maladie (Lefebvre, 1995 ; Rodrigues, 1995) :

Des analyses combinées du marqueur C272, localisé en 5' des gènes SMN1 et SMN2, et de la divergence nucléotidique des deux gènes présente dans l'exon 7 permettent d'estimer le nombre de copies des gènes SMN1 et SMN2 (Bürglen, 1996). Une corrélation entre le nombre de copies du gène SMN2 et le phénotype ASI a ainsi été montrée (Lefebvre, 1995 ; Wirth, 1995 ; Bürglen, 1996 ; Velasco, 1996 ; Taylor, 1998 ; Wirth, 1999). Chez les patients de type I, l'exon 7 du gène SMN est absent et le marqueur C272 détecte un nombre réduit de loci. Chez les patients de types II et III, l'exon 7 du gène SMN est également délété mais le marqueur C272 détecte un nombre de loci équivalent aux contrôles, ce qui suggère une conversion génique du gène SMN1 en gène SMN2.

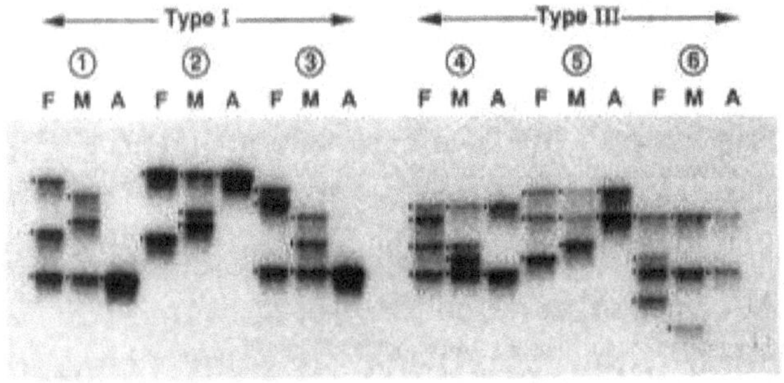

Dans des familles consanguines, on ne détecte qu'un seul produit d'amplification chez les **types I** (1,2 et 3) alors que plusieurs produits de PCR sont détectés chez les **types III**. F = père ; M = mère ; A = enfant atteint.

Par des analyses en Southern blot et électrophorèse en champ pulsé (PFGE), on a aussi montré que les patients de type I présentent une diminution du dosage génique alors que cet effet de dosage n'a pas été retrouvé chez les patients de types III (Melki, 1994 ; Lefebvre, 1995 ; Campbell, 1997).

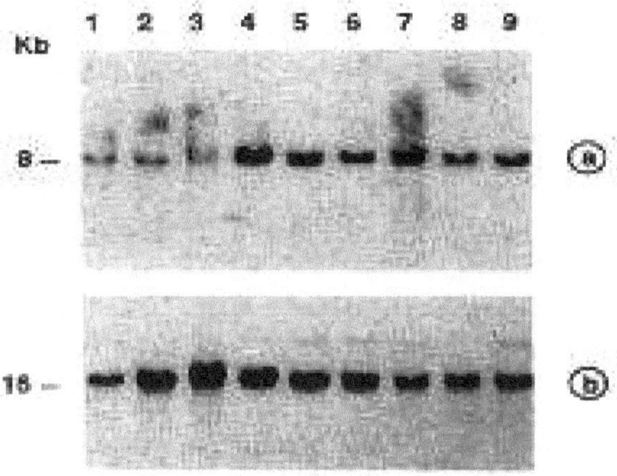

Réduction de dosage génique chez des individus consanguins avec la sonde 132SE11 en Southern blot. On remarque la diminution d'intensité (a) chez les individus de type I (1,2 et3) comparé aux contrôles (4,5 et 6) et aux types III (7 ,8 et 9). En b, sonde contrôle 122P1.

Enfin, le nombre de copies du gène SMN2 a également été évalué par FISH (fluorescence d'hybridation *in situ*), confirmant le rôle du gène SMN2 dans la modulation du phénotype ASI, puisque les patients de type III montrent généralement un nombre plus élevé de gènes SMN2 (Vitali, 1999). Plusieurs études ont montré que un nombre augmenté de copies du gène SMN2 est présent dans les formes modérées de la maladie. Grâce à des mécanismes de délétions et conversions géniques, le nombre de copies varient chez les patients SMA et ceux de type II et III présentent un plus grand nombre que les types I (Lefebvre, 1995 ; Campbell, 1997 ; Parson, 1996).

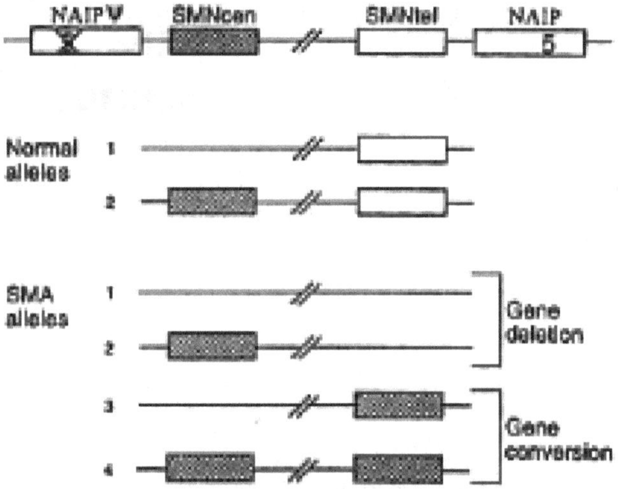

Les analyses de la région 5q13 ont montré une corrélation entre les étendues des délétions et la sévérité de la maladie mais ont excluent les gènes NAIP, P44, Serf I en tant que gènes modificateurs (Burlet, 1996; Velasco, 1996; Burglen, 1997). D'autres gènes modificateurs situé sur un autre endroit du génome n'ont pas été trouvés ou ont été exclus (comme le gène Gemin2 sur le chromosome 14).

La corrélation génotype-phénotype permet de montrer que des mécanismes mutationnels différents rendent compte de la gravité des SMA même si de rares cas de patients de type I ont été décrits avec un nombre de gènes SMN2 équivalent aux formes modérées, ce qui suggère que le gène SMN2 ne soit pas seul responsable de la variabilité du phénotype ASI (Talbot, 1997).

On peut donc émettre l'hypothèse que le gène SMN2 est certainement traduit en une protéine partiellement fonctionnelle puisque l'augmentation de son expression est liée à des phénotypes plus modérés (Van Der Steege, 1996 ; DiDonato, 1997 ; Talbot, 1997 ; Burghes, 1997 ; Taylor, 1998 ; Parsons, 1998 ; Wirth, 1999).

L'avènement des tests pour la détection des hétérozygotes a permis encore une fois de démontrer qu'il y a une différence dans le nombre des copies du gène SMN2 (Wirth, 1999 ; Taylor, 1998 ; Mc Andrew, 1997 ; Chen, 1999 ; Schwartz, 1997 ; Gerard, 2000 ; Saugier-Veber, 2001) et que l'on peut aussi établir une corrélation entre le nombre de gènes SMN2 et la sévérité (Wirth, 1999 ; Gerard, 2000).

L'inactivation du gène SMN par "knock-out" chez la souris conduit à la létalité embryonnaire précoce (Schrank, 1997). La létalité a lieu très tôt dans le développement, avant l'implantation. En effet, l'analyse des embryons mutant homozygotes SM, prélevés au stade morula de 5-7 cellules montre des signes de développement aberrant. A partir de 80 heures de développement, les morulas perdent leur forme arrondie, se rétrécissent et ne sont pas capables de passer au stade blastula. Au-delà, les embryons sont de plus en plus désorganisés et les cellules meurent d'apoptose. La mort des embryons mutants SMN-/- au stade morula âgée coïncide avec l'épuisement du stock de transcrits SMN+ maternels : les transcrits SMN+ produits par les mères hétérozygotes SMN+/- permettent aux embryons SMN-/- d'effectuer un début de développement malgré l'absence du gène SMN.

Récemment, des modèles animaux ont été générés en introduisant un transgène SMN2 (Hsieh-li, 2000 ; Monani, 2000). Là aussi, le phénotype et le taux de protéine SMN est corrélé au nombre de copies SMN2 (Monani, 2000). Les souris avec une seule copie SMN2 meurent avant la naissance. Les souris avec deux ou trois copies ont un phénotype modéré et on observe un phénotype normal chez des souris où l'on a introduit 8 copies de SMN2 ; L'inactivation du gène SMN chez la souris conduit à la létalité embryonnaire précoce, alors que la perte du gène SMN chez l'homme n'empêche pas le développement embryonnaire. Chez l'homme, la présence du gène SMN2 permet de pallier partiellement l'absence du gène SMN. En effet, le gène SMN2 produit assez de protéine SMN fonctionnelle pour permettre le développement.

Un modèle animal des ASI de type III a été généré (Jablonka, 2000). Les souris hétérozygotes SMN + / - ont une réduction de 46% de la quantité de protéine SMN qui entraîne une dégénérescence des motoneurones spinaux dans les six premiers mois de vie. L'évolution des souris SMN + / - est similaire à celle des patients de types III.

L'analyse immunohistologique de la moelle épinière montre une diminution de la quantité de protéine SMN dans le cytoplasme alors que le nombre de gems est comparable à celui des contrôles. La baisse du pool cytoplasmique de protéine SMN entraîne peut-être des perturbations dans la biogenèse des snRNPs.

Ce modèle montre différents degrés d'atteinte qui peuvent être classés en trois types comme chez les humains. On note une corrélation entre le nombre de transgènes SMN2 (un à trois) et la sévérité de l'atteinte. Les souris atteintes de type I sont normales à la naissance mais leur état se détériore très vite et elles meurent avant dix jours de vie. Les souris atteintes de type II présentent une activité faible et meurent entre deux et quatre semaines. Les souris atteintes de type III survivent et se développent normalement, leur seule particularité est d'avoir une queue plus courte.

L'étude du transgène SMN2 montre qu'il est exprimé dans tous les types cellulaires testés, les transcrits subissent les mêmes épissages alternatifs que chez l'homme, produisant une majorité de transcrits SMNΔ7. On note une corrélation négative entre la quantité de transcripts pleine longueur et la sévérité de l'atteinte. L'analyse en western blot détecte trois protéines SMN: 42 kDa (certainement la pleine-longueur), 35 kDa et 30 kDa. Le taux de protéine de 42 kDa, présente dans la moelle épinière fœtale des souris mutantes, est abaissé dans la moelle épinière chez les types III et nul chez les types I et II. Par contre, cette protéine est détectée dans le muscle squelettique, bien qu'en quantité plus faible que chez les contrôles.

CHAPITRE VIII

LES STRATEGIES POUR AUGMENTER L'EXPRESSION DU GENE SMN2

Les stratégies de traitement des maladies génétiques

De grands efforts ont été entrepris pour le développement des stratégies thérapeutiques permettant de s'opposer à l'évolution inéluctable des maladies génétiques.

Niveau d'intervention	stratégies
• Gène mutant	modification du génotype somatique transplantation, thérapie génique, réparation du gène
• ARNm mutant	élimination d'exons mutés franchissement de codon non-sens épissage en trans par des ribozymes
• protéine mutante	remplacement de la protéine augmentation de la fonction résiduelle
• dysfonctionnement métabolique	thérapie cellulaire alimentation pharmacologie compensation spécifique de la maladie
• phénotype clinique	intervention médicale, chirurgicale
• famille	conseil génétique dépistage des hétérozygotes diagnostique présymptomatique

Il y a différentes stratégies qui ont été mises en œuvre pour augmenter la production de la protéine pleine longueur par le gène SMN2. Deux approches majeures ont été développées par différentes équipes :

Empêcher l'épissage alternatif de l'exon 7 de SMN2

On sait que le gène SMN1 produit un seul transcrit/protéine pleine longueur alors que SMN2 produit de la pleine longueur plus des transcrit alternatifs, privés de l'exon 7 en majorité. Cet épissage est dû à une substitution nucléotidique dans l'exon 7 (C-T) au sein d'un ESE (exonic splicing enhancer). Une stratégie est de produire de la protéine pleine longueur à partir du gène SMN2 en agissant sur cet ESE.

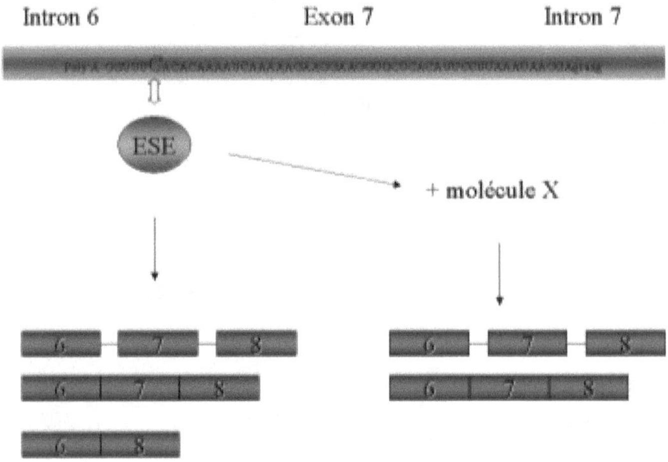

Le groupe de JG.Chang rapporte que le butyrate de sodium augmente le taux de protéine SMN pleine longueur en agissant sur l'épissage alternatif de l'exon 7 du gène SMN2 ; Cette molécule à été étudiée chez la souris : elle augmente le taux de protéine SMN dans les motoneurones et améliore les symptômes de la maladie, histologiquement et après administration à des souris hétérozygotes SMA gestantes, le taux de souriceaux SMA de forme sévère se trouve diminué (Chang, 2001).

Le groupe de J. Androphy a mis au point un système *in vitro* pour mesurer l'inclusion de l'exon 7 à l'aide de minigènes SMN comprenant les séquences de l'exon 7 à 8 couplés à la GFP (green Fluorescence protein) et rapporte l'identification de la vanadate de sodium (Zhang, 2001).

Le groupe de B.Wirth a démontré qu'une protéine SR nommée Htra-β1 se liait à une répétition GAA dans l'ESE de l'exon 7. Lorsqu'on augmente Htra-β1, le taux de SMN pleine longueur passe de 20% à 80%.

Un autre groupe, celui de F.Muntoni, essaie la modification de l'épissage de SMN2 à l'aide d'ARN (RNA-mediated modulation of splicing). Ce groupe a testé si des protéines dérivées de SMN2 sont capables de restaurer une localisation normale ; il démontre qu'en introduisant une grande quantité de SMN2 on peut obtenir des gems, donc SMN2 peut produire une protéine fonctionnelle. Cette approche est aussi testée par le groupe de K.Davies qui teste les différents isoformes de SMN.

Le groupe de C. DiDonato caractérise des protéines SR (Splicing Factors) comme Htra-β1 ou SRp30C. Ces protéines sont testées sur des cellules mais aussi sur des modèles animaux. Ce groupe regarde aussi si la sur expression de ces protéines n'affecte pas d'autres gènes (DiDonato, 2001).

La compagnie Aurora Bioscience a mis au point un test où un minigène exon 6-exon8 est fusionné à la β-lactamase (BLA). La BLA est produite lorsque l'exon 7 est inclus dans le transcrit. La protéine Htra-β1 est utilisée comme contrôle positif ; Ce test pourra permettre le criblage à haut débit.

Le groupe d'A.Burghes a identifié un composé, l'aclarubicine, par screening d'une banque de molécules. L'aclarubicine augmente la rétention de l'exon 7 dans les transcrits. Dans des fibroblastes de malades cette molécule est capable de rétablir un taux de protéine et de gems normal (Andreassi, 2001).

Rechercher des agents capables d'induire l'expression du gène SMN2

La deuxième stratégie est de sur-exprimer le gène SMN2 ; Plusieurs groupes ont développé cette approche :

Le groupe de C.Brahe se donne pour but d'évaluer si l'expression de SMN2 peut être augmentée par un traitement avec deux composés : le sodium butyrate (BA) et l'acétyl-N-carnitine (ALCAR). L'acétyl-N-carnitine est utilisé pour ses propriétés neuroprotectives et anti-apoptotique. BA, un inhibiteur des histones déacétylases doit modifier la structure de la chromatine pour rendre la transcription du gène SMN2 possible. Les deux molécules augmentent le taux de SMN.

La société Aurora Bioscience a mis au point un test de dosage d'activité du promoteur SMN2 avec la BLA dans des neuroblastomes de souris. Cinq cent mille composants ont été testés et neuf d'entre eux ont donné un résultat positif.

Le groupe de L. Berreta a mis en évidence un site de liaison aux interférons dans le promoteur SMN et obtient une induction de 2-3 fois de l'expression de SMN par ces molécules (Baron-Delage, 2000).

Le groupe de L.Simard étudie le promoteur de SMN pour trouver des éléments de régulation, notamment dans les séquences conservées au cours de l'évolution (Germain-Desprez, 2001).

Le groupe de A.MacKenzie a développé un test de PCR quantitative (Taq Man) pour mesurer l'expression de SMN2 à partir des ARN de neuroblastomes traités par des drogues. A peu près 9000 composés ont été testés par cette technique.

Nous avons choisi cette deuxième approche pour augmenter la production de protéine SMN par le gène SMN2.

CHAPITRE IX

GENERALITES SUR LE PROMOTEUR DU GENE SMN

Les promoteurs des gènes SMN1 ET SMN2

La caractérisation du promoteur des gènes SMN1 et SMN2 à été effectuée par plusieurs équipes. En effet, une différence au niveau de leurs séquences permettrait d'expliquer une différence de leurs activités et ainsi montrer que les deux gènes n'ont pas la même expression

1 tcgaagcttt ataaaaacat actttttttt ttactttttt tttttttct gagacacagc
61 ctcactctgt cgcccaggct ggagtgcagg ttttcatgtt tatctgtgag atgtaccttt
121 ggcacattac tttcctgaca tgagatttaa attttttttt ttatcttgtg acaatttaac
181 tttttgaca cataaaaatt gtacatattt atttgtttga gatggagtcg cactctgtca
241 ctcaggctgg agtgcagtgg cgtgatcttg gctcactgca acctccgcct cccgagttca
301 agtgattctc ctggctcagc ctcccaagca gctgtcatta caggcctgca ccaccacacc
361 cggctgattt tgtattttta ggagaaacag ggtttcacca tgttgggcca ggctggtctt
421 gaagtcctga cctcaagtga tccacccacc ttggcctccc aaagtgctgg gattataggc
481 atgagccacc gtaccagacc cctaaaaatt gtatatattt aaggtgtacc atttgatgtt
541 tagatataca ttgtgaaatg attacattcc acatattacc tctacagagt taccattttt
601 gtacacttgg tcaacatcat cccattctcc ccttcctcca cagatatttc ttgtatacta
661 tatagaagcc aagggtattt tgggggaaga gctcaaagtt cctttcgtgg agttaaaaat
721 atatatatac tatgtacata taagccattt agcaacccta gatgcttaat aaagaatact
781 ggaggcccgg tgtggtggct cacacctgta atcccagcac tttgggaggc cgaggcggtc
841 ggattacgag gtcaggagtt caagaccagc ctggccaaca tggtgaaacc ccatctttac
901 taaaaataca aaaattagcc gggtgtggtg gtgggcgcct gtaatcccag ctactcgggg
961 ggctgaggca gaattgcttg aacctgggag gcagaggttg cagtgagctg agatcacgcc
1021 actgcattcc agcctgggtg acagagcaat attctgtcgc aaaaaaaaaa agaatactgg
1081 aggctgggcg aggtggctca cacctgtaat cccagcattt tgggatgcca gaggcgggcg
1141 gaatntcttg agctcaggag ttcgagacca gcctacacaa tatgctccaa acgccgcttn
1201 tacaaaacat acagaaacta cccgggtgtg gtggcgnncc cctgtggtcc tagatacttg
1261 ggaggttgag gcgggaggat cgcttgagct cgggaggtcg aggctgcaat gagccgagat
1321 ggtgccactg cattctgacg acagagcgag attccgtttc aaaacaaaca acaaataagg
1381 ttgggggatc aaatatcttc tagtgtttaa ggatctgcct tccttcctgc ccccatgttt
1441 gtctttcctt gtttgtcttt atatagatca agcagg~~tttt a~~aattcctag taggagctta
1501 catttacttt tccaaggggg aggggaata aatatctaca cacacacaca cacacacaca
1561 cacacacaca cacacacaca cacacacaca ccacactgga gttcgagacg aggcctaagc
1621 aacatgccga aaccccgtct ctactaaata caaaaaatag ctgagcttgg tggcgcacgc
1681 ctatagtcct agctactggg gaggctgagg tgggaggatc gcttgagccc aagaagtcga
1741 ggctgcagtg agccgagatc gcgccgctgc actccagcct gagcgacagg gcgaggctct
1801 gtctcaaaac aaacaaacaa aaaaaaaaag gaaaggaaat ataacacagt gaaatgaaag
1861 gattgagaga aatgaaaaat atacacgcca caaatgtggg agggcgataa ccactcgtag
1921 aaagcgtgag aagttactac aagcggtcct cccgggcacc gtactgttcc gctcccagaa
1981 gccccgggcg ccggaagtcg tcactcttaa gaagggacgg ggccccacgc tgcgcacccg
2041 cgggtttgct atggcgatga gcagcggcgg cagtggtggc ggcgtcccgg agcaggagga
2101 ttccgtgctg ttccggcgcg gcacaggcca g

promoteur des gènes SMN. En gras est indiqué l'ATG ;
En souligné, la boite TATA.

Le niveau de protéines trouvé chez les malades comparé à celui des individus contrôles suggère que l'expression ou la stabilité des produits des gènes SMN1 et SMN2 soient différents. Plusieurs groupes ont donc étudié l'activité des promoteurs SMN1 et SMN2 et leurs séquences, et ont essayé de définir les éléments qui régulent l'expression de ces gènes.

La toute première analyse date de 1996 (Burglen, 1996) où déjà nous avons identifié des sites putatifs de liaison à des facteurs de transcriptions.

Un premier groupe a comparé l'activité des deux promoteurs (Echaniz-Laguna, 1999) en clonant la région de 2 kb (Hind III- Sac I) en 5' de chaque gène dans le site polylinker du plasmide pBL CAT qui contient le gène rapporteur chloramphénicol acétyl transférase (CAT).

Le plasmide contenant SMN1 est appelé 54 PBL et SMN2, 121 PBL. En testant l'activité des deux constructions dans des cellules HeLa, on remarque qu'il n'y a pas de différences.

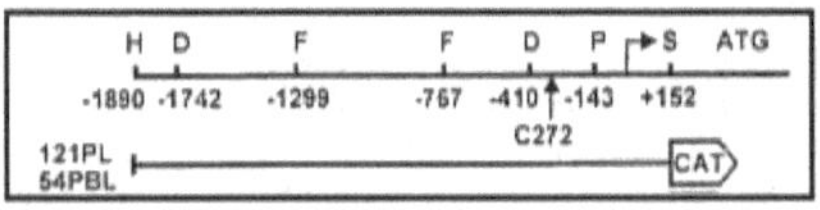

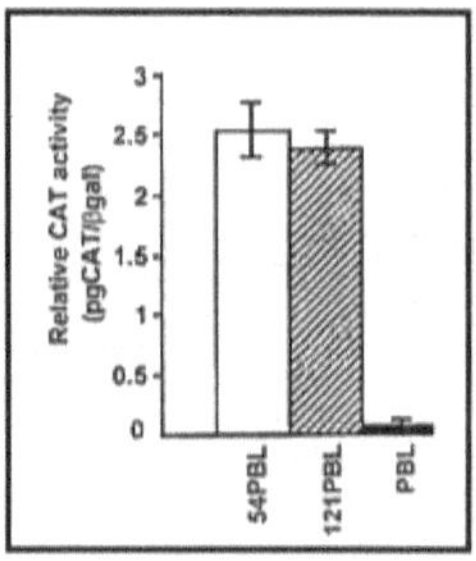

Puis ce groupe a établi la carte délétionelle de la région en amont du codon d'initiation de la traduction. Ils ont ainsi pu définir la région minimale du promoteur SMN1. Partant du même principe du CAT assay, ils ont construit différents plasmides contenant différentes longueurs du promoteur SMN1.

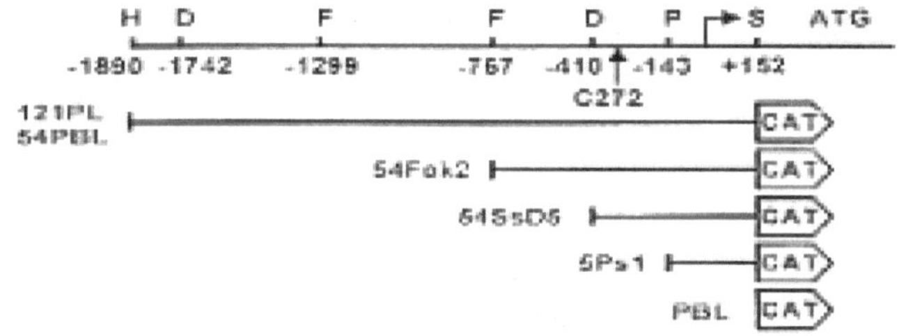

Le clone 54Fok2 montre une activité de 5.3 fois plus élevée que le promoteur pleine longueur; Ces données suggèrent que lorsque l'on délète les 1123 dernières bases du promoteur on enlève des éléments qui inhibent l'expression de SMN.

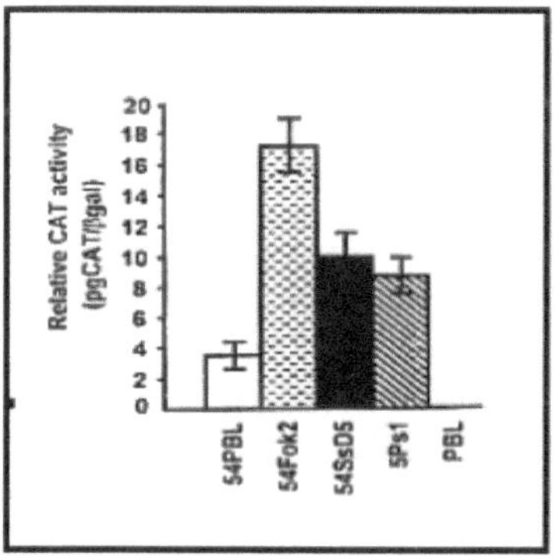

L'analyse des séquences des deux promoteurs SMN ne montre pas de différences exceptées le nombre de répétitions CA correspondant au marqueur C272.

Les deux plus petites constructions 54D5 contenant ce marqueur et 5 Ps1 ne montrent pas de différences suggérant que le marqueur polymorphe n'exerce pas d'effet majeur sur l'activité du promoteur.

Une boite TATA putative à été identifiée 49 paires de bases avant le site d'initiation de la transcription. L'analyse informatique a permis d'identifier plusieurs sites pour facteurs de transcription.

AP1	**Régulation du cycle cellulaire**
CRE	**Régulation du cycle cellulaire**
CREB	**Régulation du cycle cellulaire**
AP2	**Différenciation/survie des cellules neuronales**
EZF1	**Différenciation/survie des cellules neuronales**
GATA	**Différenciation/survie des cellules neuronales**
HNF3	**Différenciation/survie des cellules neuronales**
N OCT 3	**Différenciation/survie des cellules neuronales**
YY 1	**Différenciation/survie des cellules neuronales**
IRE	**Différenciation/survie des cellules neuronales**

Un autre groupe (Monani, 1999) a séquencé les régions promotrices des gènes SMN1 et SMN2 à partir des séquences trouvé dans les PAC 215P15 (pour SMN2) et 125D9 (pour SMN1). L'analyse informatique de 1kb de séquence à partir de l'ATG en utilisant les programmes TRANSFAC et TFSEARCH révèle la présence de nombreux sites de liaison à des facteurs de transcription : six sites sp-1, AP-2, H4TF-1, GH, HINF-1. Il n'y a pas de sites pour facteurs de transcription neurone-spécifiques. Sur les 3.4 kb de séquences analysés, cette équipe trouve 12 différences nucléotidiques qui distinguent les deux gènes, mais ces différences ne semblent être que de simples polymorphismes et sont situées proches de séquences ALU. D'autre part, ils décrivent une délétion de 3 paires de bases du côté du gène SMN2.

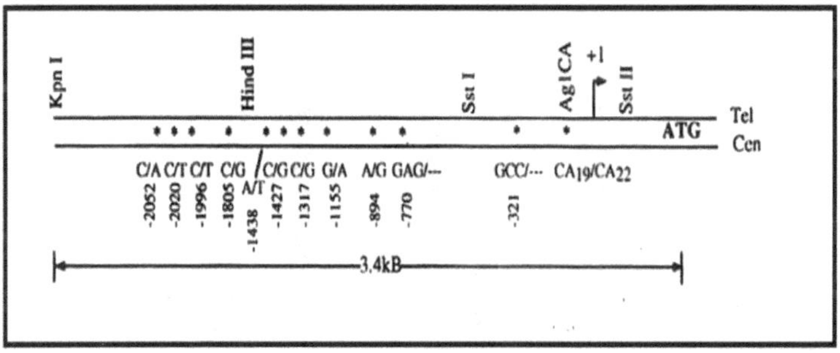

Les différentes constructions établies par ce groupe ont été transfectées dans différents types cellulaires : cellules HeLa, myoblastes de souris, motoneurones d'embryon de souris (EHMN), cellules de rein de singe (COS-7) et donnent les mêmes résultats que précédemment.

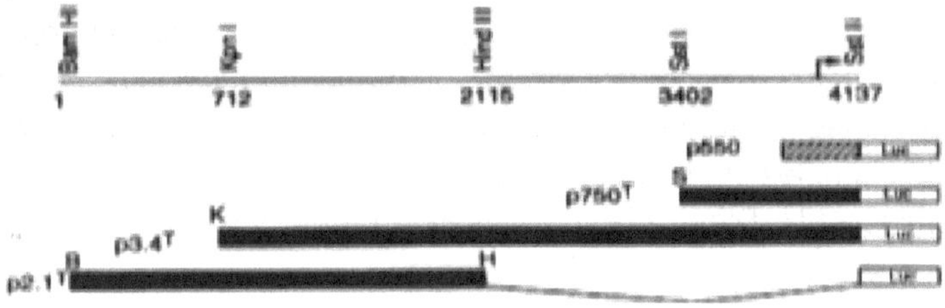

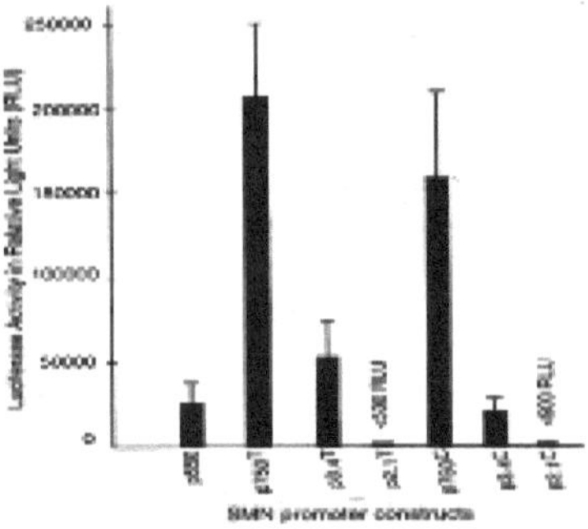

La construction P750 donne une meilleure activité que la pleine longueur P3.4.

Le groupe de L. Beretta a étudié une séquence ISRE pour Interferon-Stimulated Reponse Element (AAAGGAAAGGAAAT) et la séquence de liaison aux interferons IRF1 /IRF2 (IRF-E). Ces séquences sont retrouvées dans les régions 5' de nombreux gènes qui répondent aux interférons (IFNs)(Baron-Delage, 2000). Des astrocytes A172 sont traités aux IFN β et γ pendant 16h. Le niveau de protéine déterminé par Western blot est augmenté de trois fois dans les cellules traitées. Ce résultat a été reproduit dans des fibroblastes, lignées lymphoblastoides et oligodendrocytes.

Sur des cellules A172, l'analyse en western blot montre une induction de 2-3 fois de la protéine SMN (en haut) par rapport à l'actine (en bas) par les **IFNs béta et gamma**. D'après Baron *et al.*

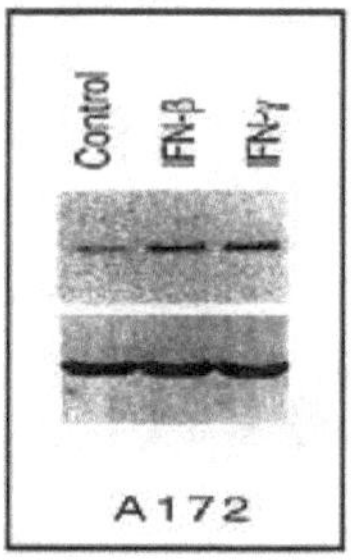

Les analyses en Northern blot montrent une induction de 4 fois maximum. L'induction par les IFN γ est plus rapide qu'avec les IFN β.

Analyse des ARNm sur gel d'agarose 2% dans des cellules A172 traitées par les IFNs en fonction du temps.

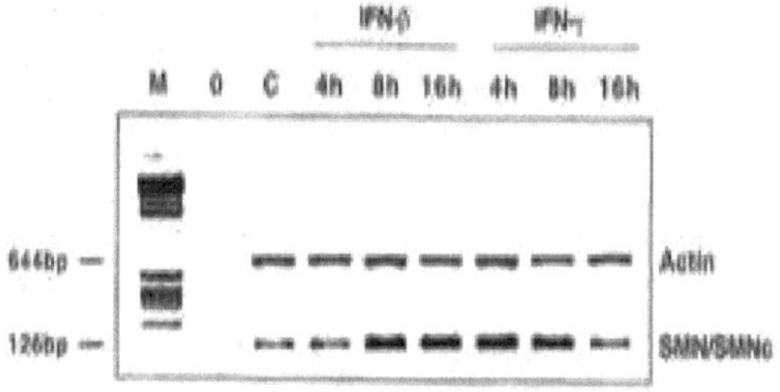

La PCR sur cDNA et digestion par l'enzyme Dra I a permis de déterminer que les IFNs induisent les gènes SMN1 et SMN2 de la même façon.

Analyse du promoteur murin

Il n'existe qu'une seule copie du gène SMN chez les rongeurs. Le gène SMN murin a été séquencé ainsi que son promoteur (Di Donato, 1999).

Une région de 1.3 kb en 5' du site initiateur de la traduction à été obtenue. Dans cette séquence, il y a des éléments répétés, entre autres, SINE (au nombre de deux) et LINE.Après analyse informatique à l'aide du programme TESS, on remarque qu'il n'y a pas de boites TATA et CAAT.

Plusieurs constructions ont été utilisées afin de déterminer l'activité promotrice. Les fragments sont liés au gène reporteur chloramphenicol acétyl transférase (CAT) et transfectés dans des cellules HEPG2

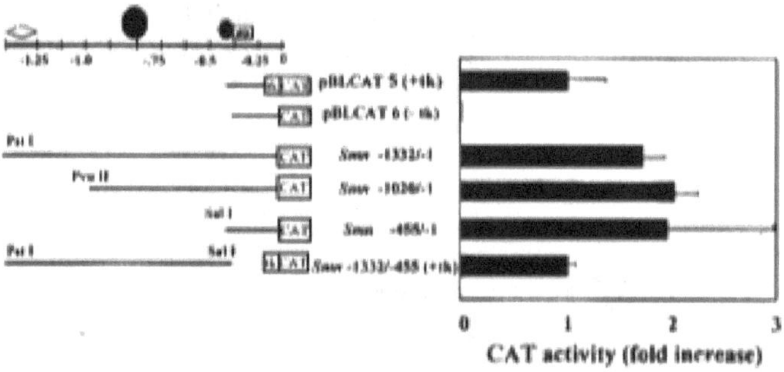

Les constructions smn-1332, smn-1020, smn-455 ne présentent pas de différences d'activité. La construction Smn-1332/-455 contient les séquences SINE et LINE ; Celles-ci n'ont pas d'activité sur le promoteur TK du pBLCAT5.

ORIENTATION DE LA THESE

I

RESULTATS

La conséquence majeure de l'amyotrophie spinale est une dégénérescence des motoneurones de la moelle épinière. Cette maladie est la maladie génétique présentant le plus grand nombre de décès d'enfants âgés de moins de deux ans. C'est une maladie récessive, les parents n'ont pas de symptômes et leurs enfants ont un risque sur quatre de développer la maladie. Il existe trois formes de la maladie selon l'âge d'apparition des symptômes et de l'évolution de la maladie. Nous avons localisé le gène responsable de ces affections sur le chromosome 5, en 5q13. Puis par clonage positionel nous avons identifié le gène SMN1 comme étant le gène dont les mutations sont responsables de la maladie. Il existe une copie quasi identique, le gène SMN2, dans la même région. Le gène SMN1 est absent ou altéré chez les malades alors que sa copie est toujours présente. Une différence nucléotidique présente dans l'exon 7 du gène SMN2 est responsable d'un épissage alternatif de cet exon et produit des transcrits avec ou sans l'exon 7. Dans la cellule, la protéine SMN est présente de façon diffuse dans le cytoplasme et dans de nouvelles structures nucléaires, les gems. La compréhension biochimique de la maladie est en train d'être décortiquée et a conduit à plusieurs hypothèses, dont l'implication de cette protéine dans l'épissage et le métabolisme des ARNs, plus particulièrement dans l'assemblage de particules participant à l'épissage. De nombreux partenaires de la protéine SMN ont été identifiés, conférant de multiples rôles pour cette protéine.

Les résultats que nous rapportons ici sont le fruit des travaux que nous avons menés depuis la découverte du gène des amyotrophies spinales. Il existe de multiples évidences génétiques qui démontrent que le gène SMN2 peut compenser, du moins en partie, la perte du gène SMN1. Nous avons d'abord démontré que le nombre de copie du gène SMN2 est plus important dans les formes modérées de la maladie, suggérant que ce gène ne soit pas un acteur « passif » mais qu'il peut en influencer la gravité. Il est maintenant certain que le nombre de gènes SMN2 module l'expression du phénotype ASI. Le gène SMN2 ne restaure pas la fonction perdue du gène SMN1, mais si la protéine SMN2 est partiellement fonctionnelle, elle pourrait rendre compte des variabilités phénotypiques. En effet, celui-ci code une protéine de même séquence en acides aminés que le gène SMN1. De plus, la génération de modèles animaux a permis de souligner l'importance du gène SMN2 pour la survie.

La première étape de mon travail a été de caractériser le produit des gènes SMN. A partir d'expériences menées dans des lignées lymphoblastoïdes issues d'individus contrôles et de malades des trois types, nous avons ainsi réussi à montrer pour la première fois une corrélation entre la sévérité de la maladie et le taux de protéine SMN. Puis l'analyse de tissus fœtaux, notamment un tissu cible comme la moelle épinière, montra une diminution au niveau protéique chez les malades, celle-ci étant plus prononcée dans les formes sévères. L'analyse combinée morphologique et immunochimique que j'ai effectuée met en évidence une forte expression de la protéine SMN dans les motoneurones, les cellules cibles dans cette pathologie, ainsi qu'une absence prononcée de marquage nucléaire chez les patients SMA.

Ce travail met en évidence une expression aberrante de la protéine SMN dans les SMA. De plus, ces données montrent que la protéine produite par le gène SMN2 est probablement fonctionnelle car son taux est directement corrélé à la sévérité de la maladie. L'absence du gène SMN1 sans réduction de dosage génique chez les types III étant la conséquence d'une augmentation du nombre de copies du gène SMN2, on peut en déduire que le taux de protéine en dépend aussi.

Dans un deuxième temps, nous avons étudié l'expression de la protéine SMN dans différents tissus au cours du développement normal et montré une réduction du niveau de protéine en période post-natale. De plus, la protéine SMN présente une localisation inhabituelle dans le muscle fœ tal et se retrouve concentrée dans de larges structures cytoplasmiques. Ce travail met l'accent sur la régulation spatio-temporelle de SMN et le fait que les SMA soient des maladies plutôt fœ tales que post-natales. Encore une fois mais dans le muscle fœ tal, l'autre tissu cible dans les SMA, la quantité de protéine est diminuée de façon plus importante dans les formes sévères.

Ainsi, ces études ouvrent de nouvelles perspectives pour les amyotrophies spinales et la sur-expression du gène SMN2 devient une perspective séduisante pour le traitement de ces affections.

Il existe différentes approches pour augmenter les niveaux de protéine comme la délivrance ciblée de la protéine ou la correction du défaut par thérapie génique.

Toutefois, ces approches sont très complexes et encore plus dans le cas du motoneurone. Des recherches plus fondamentales et plus longues doivent être faites dans ces domaines avant d'aboutir à une thérapie pour l'homme. Il existe aussi une autre approche, la thérapie cellulaire par cellule souche qui en est à ses débuts mais qui offre la possibilité de restaurer la fonction des motoneurones. Aujourd'hui, la priorité est tournée vers les processus traditionnels de découverte de médicaments avec l'espoir de trouver une molécule augmentant la quantité de protéine SMN. On peut soit augmenter l'expression du gène SMN2, soit agir sur l'épissage alternatif de l'exon 7 pour restaurer un taux de protéine SMN normal. Basée sur les données génétiques dont nous disposons, et des processus biochimiques qui ont été découverts, notre approche est celle qui offre la plus grande probabilité de succès et qui peut aboutir le plus rapidement.

Il a fallut d'abord trouver la stratégie la mieux adaptée pour trouver une molécule candidate pour la sur-expression du gène SMN2. On peut choisir de tester des protéines capables d'agir sur l'épissage alternatif comme les protéines SR. Cette stratégie a montré que certaines de ces molécules pouvait agir sur SMN2. On peut aussi trouver des molécules issues de la connaissance des différents partenaires de SMN ou bien de l'analyse de son promoteur. Cette dernière alternative a déjà fait ses preuves en conduisant à l'identification des interférons comme molécules capables d'augmenter l'expression du gène SMN2.

C'est donc cette approche que nous avons privilégiée et qui nous a permis de sélectionner plusieurs molécules candidates. Cette méthode d'analyse a aussi permis de mettre en évidence un effet de ces molécules.

ARTICLE 1

Nous avons analysé en Western blot les extraits totaux de protéines de lignées lymphoblastoides issus de 52 patients de type I, II ou III et 12 témoins. Cette étude a été réalisée à l'aide des anticorps anti-SMN, le polyclonal 95020 produit par notre équipe et le monoclonal 2B1 de l'équipe de G.Dreyfuss, ainsi qu'un anti β-tubuline en tant que contrôle interne. Les deux anticorps anti-SMN reconnaissent une bande de 38 kDa chez les patients et les individus témoins.

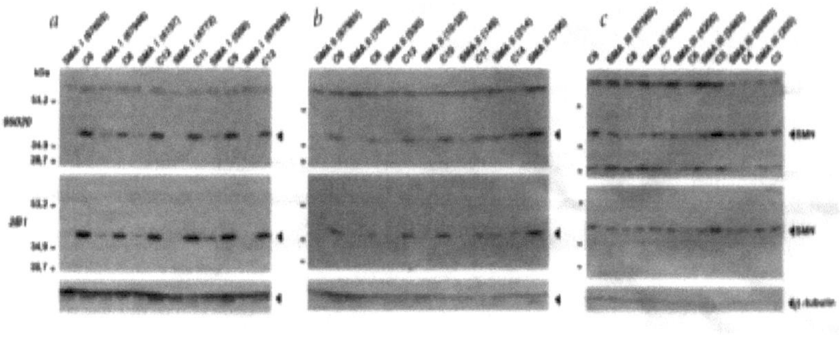

Etude de la protéine SMN en Western blot sur des **lignées lymphoblastoides** de malades de type I (A), de type II (B) et de type III (C) versus des individus contrôles.

Par analyse densitométrique nous avons déterminé le taux relatif de protéine SMN :

Chez les types I, on remarque une diminution importante chez tous les individus ; Cette diminution correspond à un taux de protéine résiduel de 5 à 20% du taux normal. Chez les types II, cette diminution est variable selon les individus. Le taux peut être réduit (de 26 à 82 %) ou normal comparé aux témoins. Enfin, chez les types III on révèle un taux de protéine comparable à celui de nos témoins.

Des expériences menées dans le foie et la moelle épinière de fœtus montrent que chez les contrôles et les malades on retrouve une protéine de même taille apparente (38 kDa). La quantité relative de SMN a été évaluée par densitométrie :

Dans la moelle épinière, le taux de protéine est réduit de façon plus importante chez les malades de type I (moins de 23%) que les types III (40%) comparé aux témoins :

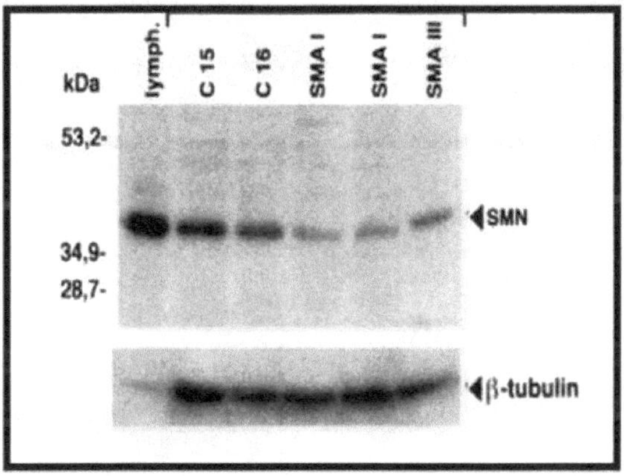

Dans la **moelle épinière** on voit que la quantité de protéine est corrélée à la sévérité de la maladie. C15 et C16 : individus contrôles.

Dans un autre tissu tel que le foie on peut faire les mêmes observations : le taux de protéine est extrêmement réduit chez les types I (12 et 7.5%) et les types III (35%).

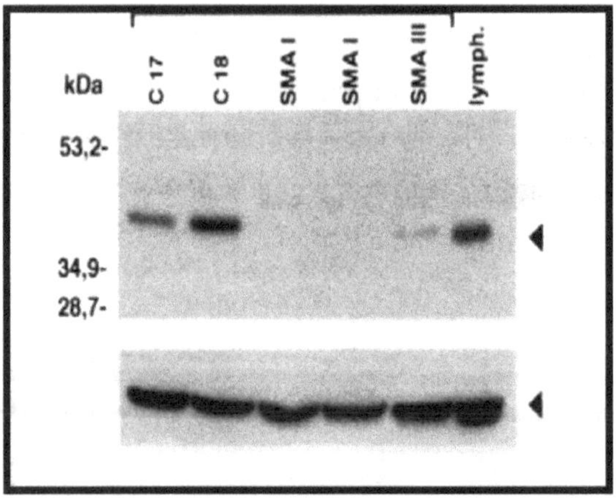

Analyse en Western blot d'un tissu tel que **le foie** on remarque la réduction du taux de protéine chez les malades.

Ces résultats obtenus dans différents tissus fœtaux par western blot notamment dans la moelle épinière confirment ceux observés dans les lignées lymphoblastoïdes.

J'ai utilisé l'anticorps monoclonal 2B1 pour effectuer des expériences d'immunohistochimie sur des tissus fœtaux SMA et témoins.

Dans le foie d'individus témoins, on retrouve la protéine SMN dans le cytoplasme et dans le noyau sous forme de structures proéminentes déjà décrites dans les cellules HeLa (les gems) :

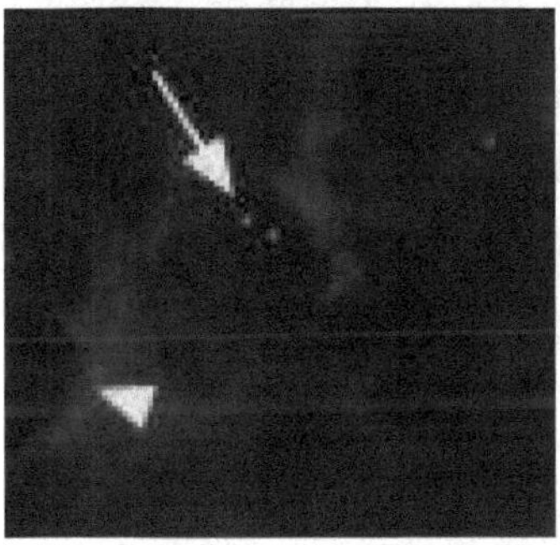

Par contre, dans le foie d'individus SMA de type I et III on ne détecte pas la protéine SMN :

Sur des coupes transversales de moelle épinière d'un fœtus témoin, le marquage est spécifique de grosses cellules de la corne antérieure et autour du canal central :

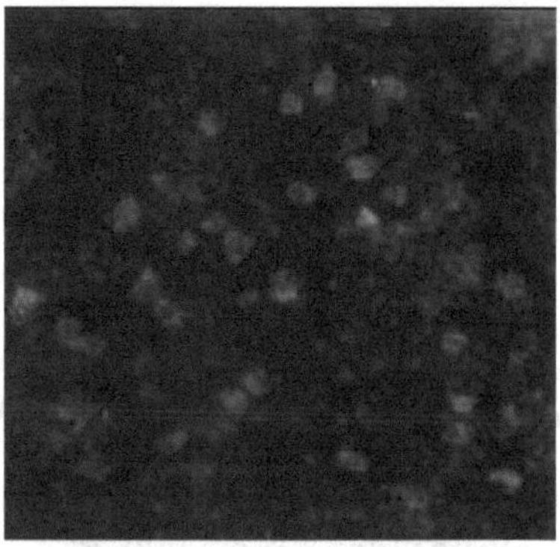

Dans ces cellules (les motoneurones), le cytoplasme et les gems sont fortement marqués :

Pour s'assurer que ces cellules fortement marquées étaient effectivement des motoneurones, j'ai effectué une coloration de Nissl (qui révèle la morphologie des motoneurones) combinée à un marquage à l'aide de l'anticorps 2B1 : on voit en effet que l'aspect de ces cellules est caractéristique des motoneurones :

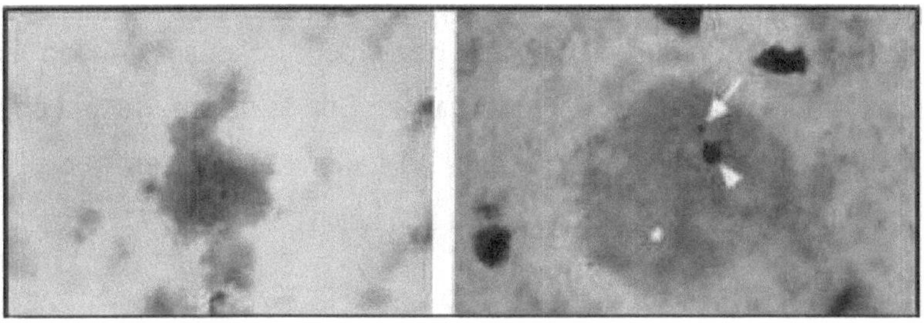

Dans la moelle épinière de fœtus de type I (à gauche) et III (à droite), on n'observe pas de marquage de la protéine SMN :

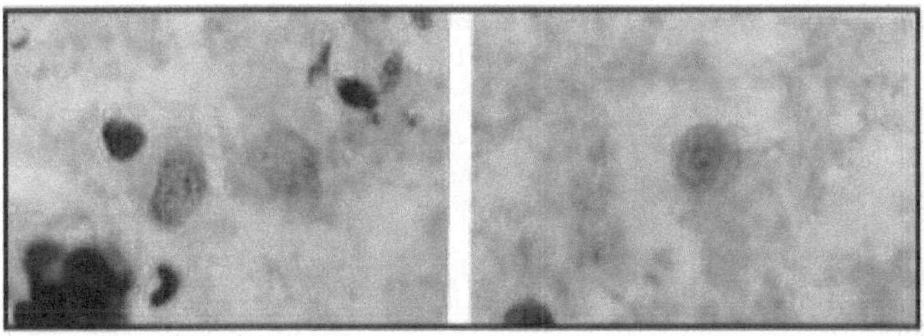

Ces résultats ont été confirmés par un double marquage que j'ai effectué avec les anticorps anti-SMN 2B1 et anti-coilin (polyclonal) spécifique des coiled bodies. Les coiled bodies sont adjacents aux gems dans les cellules HeLa.

Chez les contrôles, la plupart des gems sont co-localisés avec les coiled bodies dans les motoneurones. Sur la figure de gauche, marquage avec un anticorps anti-SMN : on detecte les gems. A droite, marquage avec un anticorps anti coilin :

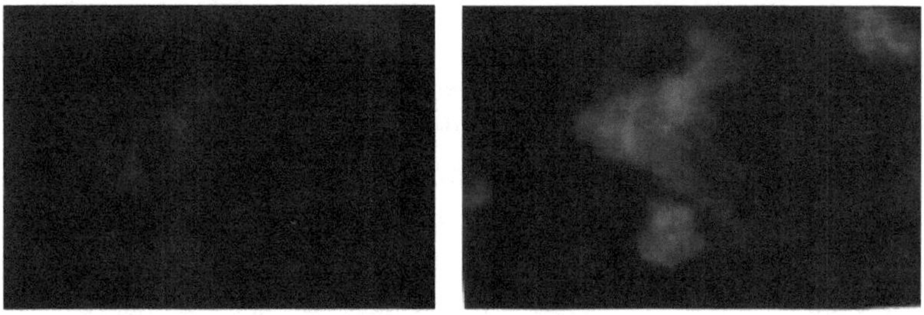

Chez les SMA types I, les gems ne sont pas visibles mais on détecte les coiled bodies. Sur cette figure, le marquage avec un anticorps anti-SMN (à gauche) ne detecte pas les gems. A droite, marquage avec un anticorps anti coilin :

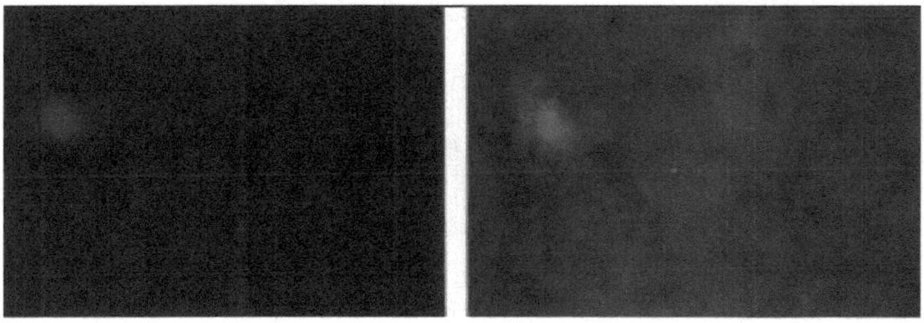

Dans les types III, la plupart des neurones montrent un marquage des coiled bodies uniquement, excepté de rares neurones où SMN et les coiled bodies sont colocalisés. Figure de gauche, marquage avec un anticorps anti-SMN : on detecte de rares gems. A droite, marquage avec un anticorps anti coilin.

ARTICLE 2

Nous avons étudié l'expression de la protéine SMN dans différents tissus humains. Pour ces études nous avons généré un anticorps monoclonal dirigé contre la protéine SMN. Cet anticorps à été produit en immunisant des souris Balb /c par une protéine de fusion bactérienne commençant à l'acide aminé 85 de la protéine SMN.

L'anticorps monoclonal **4B3** révèle une protéine de 38 kDa en Western blot sur des lignées lymphoblastoides

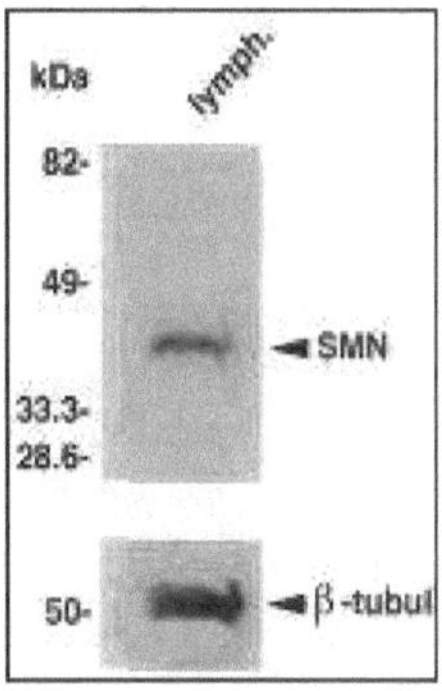

Cet anticorps révèle une protéine de taille apparente de 38kD dans tous les types cellulaires testés en western blot (lymphoblastes, rein, cerveau, muscle cardiaque et squelettique, cœur, thymus, pancréas, poumon).

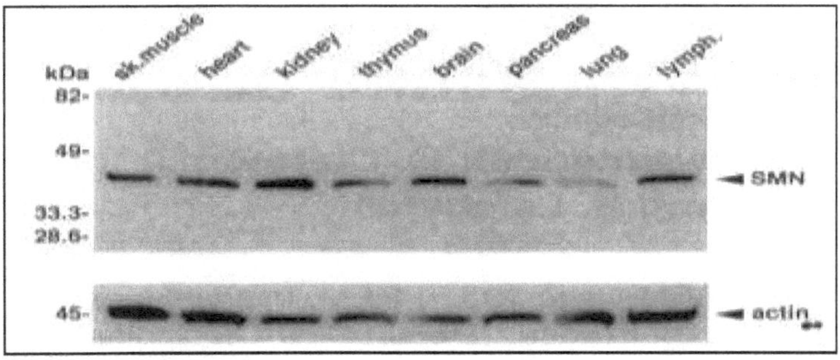

Western blot de différents **tissus fœtaux** : on retrouve la protéine SMN dans les tissus testés. La taille apparente de la protéine (38 kDa) est la même que dans les lignées lymphoblastoides.

On remarque que le taux de protéine est plus fort dans le rein et le cerveau de ces fœtus de 16 semaines.

Nous avons étudié l'expression de la protéine SMN dans des tissus fœtaux et post-natals contrôles.

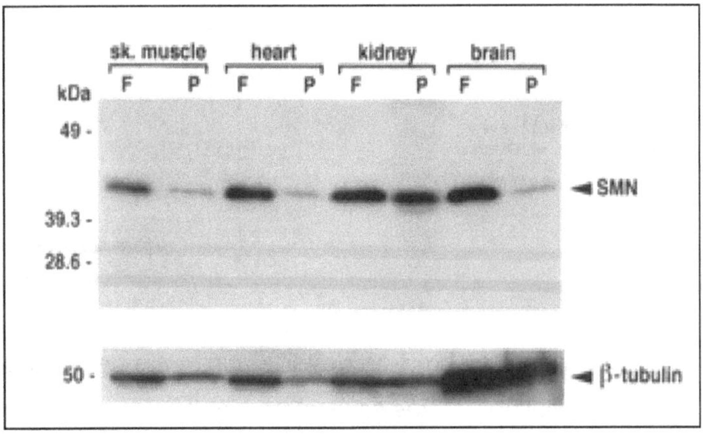

La quantité de protéine SMN est fortement diminuée en période **post- natale** (P) dans le muscle squelettique, cœ ur, et cerveau chez des individus contrôles.

Le taux de protéine présent dans le muscle squelettique, cœur, rein et cerveau est supérieur en période fœtal qu'en période post-natale. Il est intéressant de noter que cette diminution est nettement moins prononcée dans le rein.

Nous avons comparé le taux de protéine présent dans les muscles de fœtus de types I, II et III par Western blot :

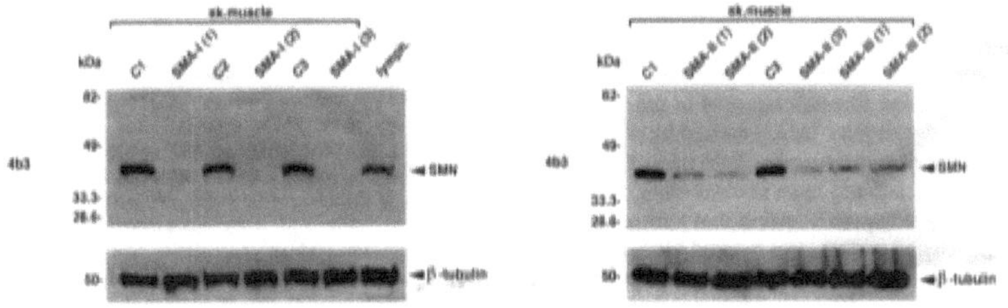

Tout comme les autres tissus, on remarque une diminution très marquée du taux de protéines chez les malades, dans **le muscle squelettique**. A gauche : types I et contrôles ; A droite : types II et III et contrôles.

Le taux de protéine est déficient chez les malades des trois formes mais de façon plus prononcée dans les formes sévères.

Nous avons étudié la localisation sub-cellulaire de la protéine SMN dans du muscle de fœ tus humains par des études biochimiques de fractionnement.

Etude biochimique par ultra-centrifugation : Les différentes étapes du **fractionnement**

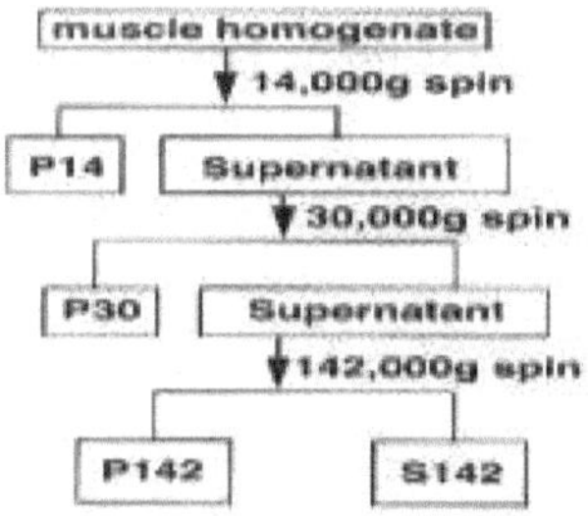

Les différentes fractions ont été analysées en western blot à l'aide d'anticorps anti-SMN, anti-SERCA 1 (fraction membranaire) et anti-émerine (fraction nucléaire) :

Le Western blot montre les différentes fractions : SMN sédimente dans la fraction P142

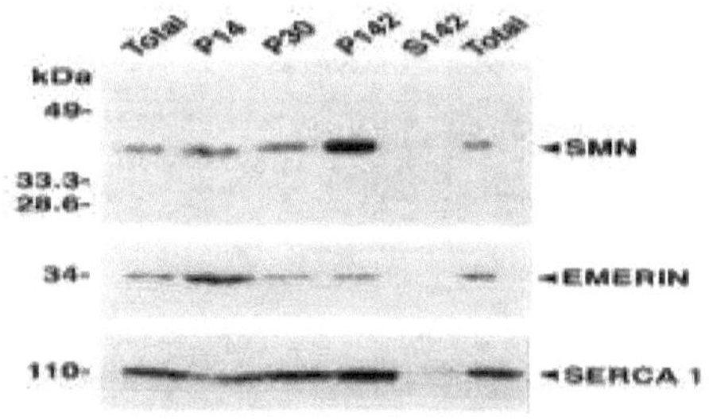

La protéine SMN est fortement enrichie dans la fraction de 142 000 g contenant des particules denses dont les complexes ribonucléoprotéiques et n'interagit pas directement avec la membrane plasmique puisque l'addition de détergeant n'affecte pas sa distribution (Burlet, 1998).

En immunofluorescence j'ai testé des tissus fœtaux : le thymus, le rein, le poumon, le cerveau.L'analyse immunohistochimique des tissus testés montre un marquage typique de la protéine SMN chez les individus témoins dans le cytoplasme et dans les gems, alors que la protéine SMN n'est pas détectable dans les tissus de patients de type I.

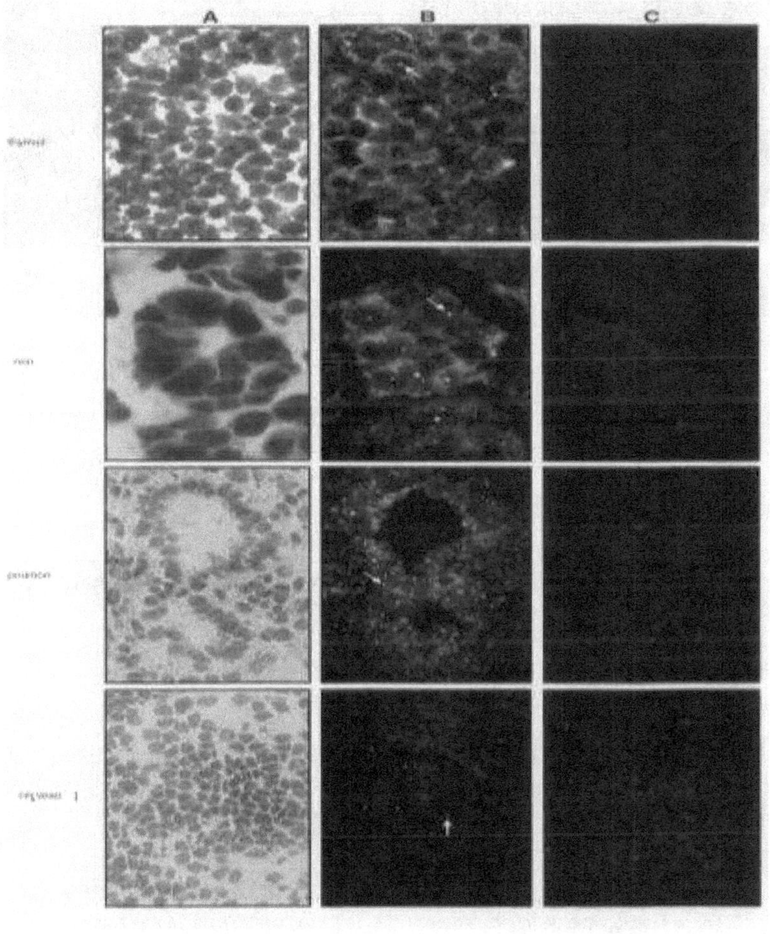

A : coloration à l'hématoxyline sur coupes sériées de différents tissus ; **B** : l'anticorps monoclonal. 4b3 révèle SMN chez des contrôles ; **C** : chez des fœtus de type I on ne détecte pas la protéine SMN.

L'étude du muscle (myoblastes et myofibres) contrôle fœtal révèle le marquage dans de larges structures cytoplasmiques et nucléaires. Ces structures cytoplasmiques ont une taille comparable aux gems (0.1-1µm). La protéine SMN n'est pas détectable dans le muscle de patients de type I.

J'ai effectué ces expériences en immunofluorescence :

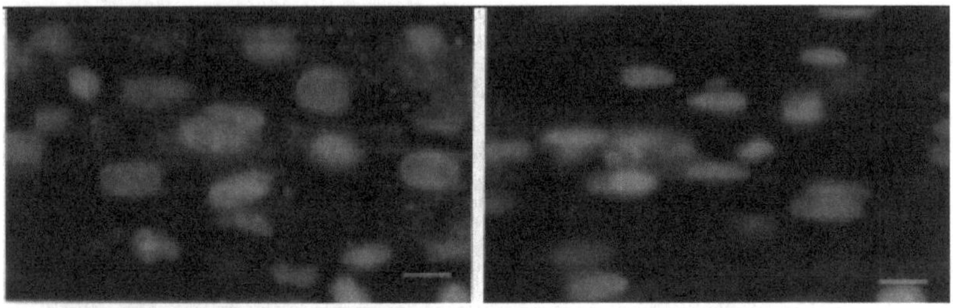

Dans des muscles de fœtus âgés de 16 semaines, on détecte SMN chez des contrôles (à gauche) mais pas chez les malades (à droite).

Des études combinées immunohistologiques suivies d'une coloration à l'hématoxyline met en évidence les structures cytoplasmiques :

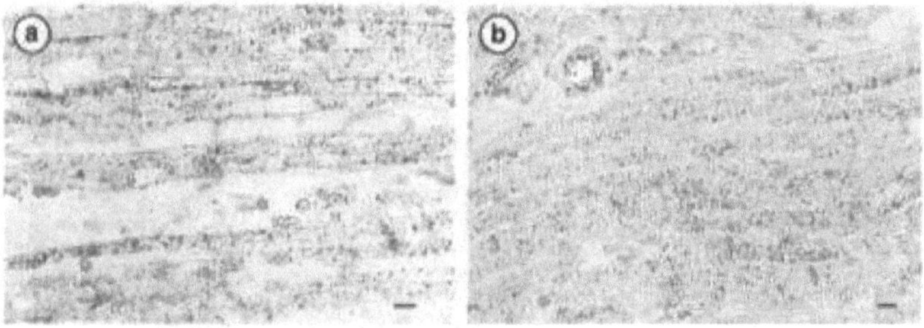

En A : coupe histologique de muscle squelettique de fœtus contrôle de 16 semaines . En B : coupe histologique de muscle squelettique de fœtus contrôle de 24 semaines

Nous avons étudié en collaboration avec l'équipe de J.Cartaud (Institut Jacques Monod) la différenciation de myoblastes en myotubes de lignées cellulaires de souris sol8.

Un marquage important est présent dans le cytoplasme des myoblastes alors qu'une diminution de ce marquage est observée dans les cellules différenciées, les myotubes.

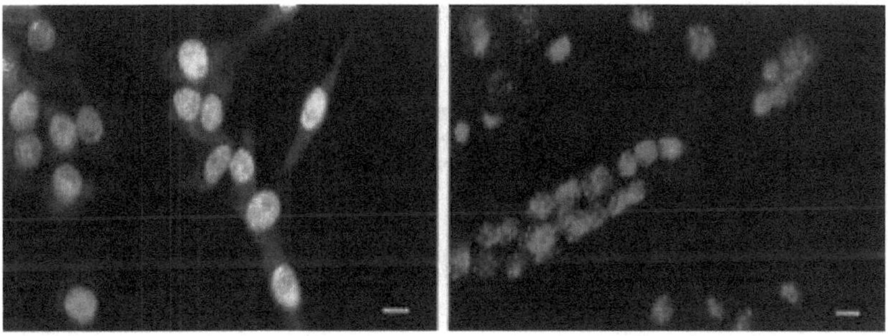

Sur cette figure, à gauche, il y a des myoblastes de cellules Sol 8 en prolifération avec un marquage cytoplasmique important ; à droite, des cellules Sol 8 différenciées en myotubes multinucléés : le marquage est fortement diminué.

INDUCTION DE L'EXPRESSION DE LA PROTEINE SMN

Recherche de séquences conservées dans le promoteur SMN

La découverte au sein des promoteurs d'éléments de régulation de l'expression des gènes présente la grande complexité des régions non codantes. Aussi n'est-il pas rare de trouver un nombre élevé de sites putatifs pour des facteurs de transcription à l'aide des outils informatiques dont nous disposons.

Voici le résultat de la recherche de sites de liaison à des facteurs de transcription à l'aide du programme TESS au sein du promoteur SMN :

```
00001  ORIGINtcgaagctttataaaaacatacttttttttttacttttttttt
                    -----> TTTATA   (12.00 2.0000)
                     <----- TcATAAAAACA   (18.00 1.6364)
                      <----- TATAAAA   (14.00 2.0000)
                        -----> YAAAAAY   (12.00 1.7143)
                                   <----- TTaTTTTTTT   (16.00 1.6000)
                                       -----> TTTTTTA   (14.00 2.0000)
                                               <----- TTaTTTTTTT   (16.00 1.6000)
00051  ttttctgagacacagcctcactctgtcgcccaggctggagtgcaggtttt
               <----- GACACA   (12.00 2.0000)
                -----> ACACAGCCcC   (16.00 1.6000)
                   -----> CAGCCTCAC   (18.00 2.0000)
                                                     -----> TTTTCAT   (14.00 2.0000)
00101  catgtttatctgtgagatgtacctttggcacattactttcctgacatgag
        <----- cTGTTTATCTG   (18.00 1.6364)
           -----> TTTATC   (12.00 2.0000)
            -----> TTATCT   (12.00 2.0000)
                               <----- TTGGCA   (12.00 2.0000)
                                 -----> GGCACA   (12.00 2.0000)
                                          <----- CTTTCC   (12.00 2.0000)
                                           -----> TTTCCT   (12.00 2.0000)
                                                         -----> ATTWNNATK   (12.00 1.3333)
                                                         <----- ATTTNNNNaTTT   (12.00
1.0000)
00151  atttaaatttttttttttatcttgtgacaatttaactttttttgacacata
        <----- aTTAAATTTTT   (18.00 1.6364)
              <----- TTaTTTTTTT   (16.00 1.6000)
                   -----> TTTTTTA   (14.00 2.0000)
                      -----> TTTATC   (12.00 2.0000)
                       -----> TTATCTTGTcA   (18.00 1.6364)
                       <----- TTATCT   (12.00 2.0000)
                        -----> TATCaYGTGA   (15.00 1.5000)
                           <----- CTTGTG   (12.00 2.0000)
                                    <----- ATTTNNNNaTTT   (12.00 1.0000)
                                                -----> TGACACA   (14.00 2.0000)
                                                 <----- GACACA   (12.00 2.0000)
                                                     <----- MATNNWAAT   (12.00 1.3333)
                                                       -----> YAAAAAY   (12.00 1.7143)
00201  aaaattgtacatatttatttgtttgagatggagtcgcactctgtcactca
            -----> TGTACA   (12.00 2.0000)
                 -----> tTATTTATTTG   (18.00 1.6364)
                  -----> TATTTAT   (14.00 2.0000)
                  <----- TATTTATT   (16.00 2.0000)
                   -----> ATTWATK   (12.00 1.7143)
                   <----- ATTTNNNNaTTT   (12.00 1.0000)
                     <----- TTcTTTGTTY   (15.00 1.5000)
                      <----- TRTTTGY   (12.00 1.7143)
                                                   <----- CACTCA   (12.00 2.0000)
```

```
00251   ggctggagtgcagtggcgtgatcttggctcactgcaacctccgcctcccg
                   -----> GTGGgGTGAT    (16.00 1.6000)
                             <----- CTTGGC    (12.00 2.0000)
                              -----> TTGGCNNNNNKCcR    (12.00 0.8571)
                                -----> GGCTCA    (12.00 2.0000)
                                      -----> rTGMAAYCYC    (13.00 1.3000)
                                            <----- gCTCCGCCTC    (16.00 1.6000)
                                                -----> MYYMGCCYM    (12.00 1.3333)
                                                         -----> AGTTCA    (12.00 2.0000)
00301   agttcaagtgattctcctggctcagcctcccaagcagctgtcattacagg
            <----- AAGTGA    (12.00 2.0000)
            <----- AAGTGA    (12.00 2.0000)
               <----- TGATTC    (12.00 2.0000)
                         -----> GGCTCA    (12.00 2.0000)
                         -----> GGCTCA    (12.00 2.0000)
                          <----- GCTCcGCCTC    (16.00 1.6000)
                           -----> MYYMGCCYM    (12.00 1.3333)
                                -----> YCTCCCARR    (15.00 1.6667)
                                         -----> CAGCTGT    (14.00 2.0000)
                                         -----> CAGCTGT    (14.00 2.0000)
00351   cctgcaccaccacacccggctgatttttgtatttttaggagaaacagggtt
                -----> CCACACCC    (16.00 2.0000)
                <----- CCACACCCG    (18.00 2.0000)
                           <----- TGATTTTGT    (18.00 2.0000)
                             -----> ATTWNNNATK    (12.00 1.2000)
                             <----- ATTTNNNNaTTT    (12.00 1.0000)
                             <----- ATTTTGTAaT    (16.00 1.6000)
                                  -----> yTATTTWWAR    (13.00 1.3000)
                                  -----> yTATTTWWAR    (13.00 1.3000)
                                    <----- RTTTTTR    (12.00 1.7143)
                                          <----- gGGARAWWCM    (12.00 1.2000)
                                                   <----- gRGRTTTKCAY    (12.00 1.2000)
00401   tcaccatgttgggccaggctggtcttgaagtcctgacctcaagtgatcca
                                     -----> cCCTGACCTCA    (18.00 1.6364)
                                        -----> TGACCTCA    (16.00 2.0000)
                                        -----> TGACCT    (12.00 2.0000)
                                               <----- AAGTGA    (12.00 2.0000)
                                                   <----- GAaCCACCCA    (16.00 1.6000)
00451   cccaccttggcctcccaaagtgctgggattataggcatgagccaccgtac
            <----- CTTGGC    (12.00 2.0000)
                 -----> YCTCCCARR    (15.00 1.6667)
                                            <----- TGAGCC    (12.00 2.0000)
00501   cagaccccctaaaaattgtatatatttaaggtgtaccatttgatgtttaga
            -----> CCCTAA    (12.00 2.0000)
              <----- YTWWAAATaR    (12.00 1.2000)
               -----> YAAAAAY    (12.00 1.7143)
                            <----- TATTTAA    (14.00 2.0000)
                                                    -----> TAGATA    (12.00 2.0000)
00551   tatacattgtgaaatgattacattccacatattacctctacagagttacc
          -----> AaATNNNNAAAT    (12.00 1.0000)
                          <----- ACATTCCACAg    (18.00 1.6364)
                           -----> CWWACCAC    (13.00 1.6250)
                            -----> WWACCACA    (13.00 1.6250)
                                                       <----- CCWTNTTNNNW    (12.00 1.0909)
                                                        <----- CATTTTTGT    (18.00 2.0000)
00601   atttttgtacacttggtcaacatcatcccattctccccttcctccacaga
            -----> TGTACA    (12.00 2.0000)
                        -----> YcAYRTCATC    (13.00 1.3000)
                                -----> TCCCAT    (12.00 2.0000)
                                           -----> MCTTSCYYC    (14.00 1.5556)
                                             <----- TTCCTC    (12.00 2.0000)
00651   tatttcttgtatactatatagaagccaagggtattttggggggaagagctc
                             <----- AGCCAA    (12.00 2.0000)
                              -----> GCCAAG    (12.00 2.0000)
                                              <----- GGGAAG    (12.00 2.0000)
00701   aaagttcctttcgtggagttaaaaatatatatatactatgtacatataag
           <----- TTCCTT    (12.00 2.0000)
              -----> tTTTCGTGRNNY    (14.00 1.1667)
               -----> TTTCGTG    (14.00 2.0000)
                         <----- YTWWAAATAr    (13.00 1.3000)
                         <----- YTWWAAATAr    (13.00 1.3000)
                          -----> YAAAAAY    (12.00 1.7143)
                             -----> AAATNNNNAaAT    (12.00 1.0000)
                                  -----> TATATATAC    (18.00 2.0000)
                                             -----> TGTACA    (12.00 2.0000)
                                                  <----- ATATAA    (12.00 2.0000)
                                                      <----- AAGCaATTTAG    (18.00 1.6364)
```

```
00751  ccatttagcaaccctagatgcttaataaagaatactggaggcccggtgtg
00801  gtggctcacacctgtaatcccagcactttgggaggccgaggcggtcggat
         -----> GGCTCA   (12.00 2.0000)
                                 <----- YYTGGGAGR   (15.00 1.6667)
                                            <----- AGGCGG   (12.00 2.0000)
00851  tacgaggtcaggagttcaagaccagcctggccaacatggtgaaaccccat
           <----- AGGTCAGGAGgTCA   (24.00 1.7143)
           <----- AGGTCA   (12.00 2.0000)
                   -----> AGTTCA   (12.00 2.0000)
                                             -----> RTGMAAYCYC   (16.00 1.6000)
                                                      <----- CCWTNTTNNNW   (12.00 1.0909)
00901  ctttactaaaaatacaaaaattagccgggtgtggtggtgggcgcctgtaa
            <----- YTWWAAATAr   (13.00 1.3000)
             -----> YAAAAAY   (12.00 1.7143)
                -----> AAATNNNNAAAT   (16.00 1.3333)
                     -----> YAAAAAY   (12.00 1.7143)
                                -----> CGGGTGTGG   (18.00 2.0000)
                                 <----- GGGTGTGG   (16.00 2.0000)
00951  tcccagctactcgggggctgaggcagaattgcttgaacctgggaggcag
                     <----- KRGGCKRRK   (12.00 1.3333)
                               -----> CAtAATTGCTT   (18.00 1.6364)
                                             <----- YYTGGGAGR   (15.00 1.6667)
                                                    <----- GRGRTTKCAy   (13.00 1.3000)
01001  aggttgcagtgagctgagatcacgccactgcattccagcctgggtgacag
                         <----- ATCACcCCAC   (16.00 1.6000)
                                                      -----> ACAGAGgAAT   (16.00 1.6000)
01051  agcaatattctgtcgcaaaaaaaaaaagaatactggaggctgggcgaggt
                     <----- SMAtAAAAAA   (14.00 1.4000)
                           -----> RAAcAAAGAA   (15.00 1.5000)
                                          <----- GAGGCgGGGC   (16.00 1.6000)
                                          <----- KRGGCKRRK   (12.00 1.3333)
                                                          -----> GGCTCA   (12.00 2.0000)
01101  ggctcacacctgtaatcccagcattttgggatgccagaggcgggcggaat
                                         <----- aAGAGGCGGG   (16.00 1.6000)
                                                <----- GGGCGG   (12.00 2.0000)
                                                  -----> GtGGAATCTC   (16.00 1.6000)
                                                    <----- GGAATTTCcT   (16.00 1.6000)
01151  ntcttgagctcaggagttcgagaccagcctacacaatatgctccaaacgc
           -----> TGAGCTCA   (16.00 2.0000)
                             -----> MYYMGCCYM   (12.00 1.3333)
                                                 -----> CCAAcNGYCR   (12.00 1.2000)
01201  cgcttntacaaaacatacagaaactacccgggtgtggtggcgnnccccctg
           -----> TGTACA   (12.00 2.0000)
           -----> YTTACRtAAY   (13.00 1.3000)
                                   -----> CGGGTGTGG   (18.00 2.0000)
                                    <----- GGGTGTGG   (16.00 2.0000)
                                            <----- TGGCGA   (12.00 2.0000)
                                             -----> GGaGTTCCCC   (16.00 1.6000)
                                               <----- CGCTCCC   (14.00 2.0000)
                                                  <----- TCCCCaGTGG   (16.00 1.6000)
01251  tggtcctagatacttgggaggttgaggcgggaggatcgcttgagctcggg
             -----> TAGATA   (12.00 2.0000)
                   <----- YYTGGGAGR   (15.00 1.6667)
                               <----- AGGCGG   (12.00 2.0000)
01301  aggtcgaggctgcaatgagccgagatggtgccactgcattctgacgacag
                      <----- TGAGCC   (12.00 2.0000)
                      <----- TGAGCC   (12.00 2.0000)
                                                 <----- TGACGA   (12.00 2.0000)
01351  agcgagattccgtttcaaaacaaacaacaaataaggttgggggatcaaat
                    <----- TTCAAA   (12.00 2.0000)
                       -----> AAAACAAAC   (18.00 2.0000)
                        -----> RAACAAAgAA   (15.00 1.5000)
                              <----- ACAACA   (12.00 2.0000)
                                -----> WNNNAANAWGG   (12.00 1.0909)
                                 <----- cCAAATAAGG   (16.00 1.6000)
                                       -----> AGNNNGNGGG   (12.00 1.2000)
01401  atcttctagtgtttaaggatctgccttccttcctgcccccatgtttgtct
        <----- TCTTCT   (12.00 2.0000)
               -----> GTGTTTA   (14.00 2.0000)
                              -----> MCTTSCYYC   (14.00 1.5556)
                                <----- TTCCTT   (12.00 2.0000)
                                 -----> TgCTTCCTGC   (16.00 1.6000)
                                       -----> CTGCCC   (12.00 2.0000)
                                       <----- CTGCCCC   (14.00 2.0000)
                                                <----- TRTTTGY   (12.00 1.7143)
                                                       <----- CTTTCC   (12.00 2.0000)
                                                        -----> TTTCCT   (12.00 2.0000)
                                                         <----- TTCCTT   (12.00 2.0000)
                                                         <----- TTCtTTGTTY   (15.00 )
```

```
01451  ttccttgtttgtctttatatagatcaagcaggttttaaattcctagtagg
            <----- TRTTTGY    (12.00 1.7143)
                   <----- YTWWAaATAR    (12.00 1.2000)
                     -----> TTATAT    (12.00 2.0000)
01501  agcttacatttacttttccaaggggaggggaataaatatctacacaca
                       <----- TTTTtCAAGG    (16.00 1.6000)
                              -----> AGNNNGNGGG    (12.00 1.2000)
                               <----- GGGGGAGGG    (18.00 2.0000)
                                 <----- GGGAGGG    (14.00 2.0000)
                                        -----> GAATAAAcATCTACAC    (28.00 1.7500)
                                         -----> AATAAATA    (16.00 2.0000)
                                          <----- ATAAATA    (14.00 2.0000)
                                               -----> TATgcACACACACACACACACACACACACACA
01551  cacacacacacacacacacacacacacacacacacacacacacaccac
                                                -----> WNNCACgCNASNYNSNR    (13.00 0.7647)
                                                    -----> ACACCAC    (14.00 2.0000)
01601  actggagttcgagacgaggcctaagcaacatgccgaaaccccgtctctac
                                  <----- GCAACATG    (16.00 2.0000)
01651  taaatacaaaaaatagctgagcttggtggcgcacgcctatagtcctagct
        -----> AAATNNNNAAAt    (12.00 1.0000)
            <----- YtWWAAATAR    (12.00 1.2000)
                           -----> CTKGNTNKNGC    (14.00 1.2727)
                                                          -----> CcACTGGGGA    (16.00 1.6000)
01701  actggggaggctgaggtgggaggatcgcttgagcccaagaagtcgaggct
        <----- TGGGGA    (12.00 2.0000)
            <----- KRGGCKRRK    (12.00 1.3333)
                     <----- GTGGGAGGAgC    (18.00 1.6364)
                                   <----- TGAGCC    (12.00 2.0000)
01751  gcagtgagccgagatcgcgccgctgcactccagcctgagcgacagggcga
          <----- TGAGCC    (12.00 2.0000)
                  <----- GATCGCGC    (16.00 2.0000)
                                     <----- TGAGCG    (12.00 2.0000)
01801  ggctctgtctcaaacaaacaaacaaaaaaaaaaaggaaaggaaatataa
                    -----> AAAACAAAC    (18.00 2.0000)
                     -----> RAACAAAgAA    (15.00 1.5000)
                          <----- AACAAACAcAAA    (20.00 1.6667)
                                <----- SMAtAAAAAA    (14.00 1.4000)
                                   -----> WNNNAANAWGG    (12.00 1.0909)
                                       <----- NgAANNGAANNGAAN    (14.00 0.9333)
                                          -----> AAGGAA    (12.00 2.0000)
                                           <----- AGGAAA    (12.00 2.0000)
                                            -----> GGAAAG    (12.00 2.0000)
                                                  <----- ATATAA    (12.00 2.0000)
                                                    -----> ATAACcCAGT    (16.00 1.6000)
01851  cacagtgaaatgaaaggattgagagaaatgaaaaatatacacgccacaaa
           <----- NGAANNGAANNGAaN    (14.00 0.9333)
                                <----- AGAAATG    (14.00 2.0000)
                                   <----- MATNNNWAAT    (12.00 1.2000)
                                    <----- ATGAAAA    (14.00 2.0000)
01901  tgtgggagggcgataaccactcgtagaaagcgtgagaagttactacaagc
          <----- GGGAGGG    (14.00 2.0000)
                         <----- CACTCG    (12.00 2.0000)
                                    -----> WWGCGTGWNWNG    (16.00 1.3333)
                                                         <----- GCGGcCCTCC    (16.00 1.6000)
01951  ggtcctcccgggcaccgtactgttccgctcccagaagccccgggcgccgg
                          -----> CTGTTC    (12.00 2.0000)
                              <----- CGCTCCC    (14.00 2.0000)
                                                <----- aGCCGGAAGT    (16.00 1.6000)
                                                   <----- CGGAAGT    (14.00 2.0000)
02001  aagtcgtcactcttaagaagggacggggccccacgctgcgcacccgcggg
          -----> TCGTCAC    (14.00 2.0000)
                 -----> WNNNAANAWGG    (12.00 1.0909)
                          <----- GGGgCGGGGC    (16.00 1.6000)
                                 <----- CCCCACcCTG    (16.00 1.6000)
                                        <----- TGCRCRC    (12.00 1.7143)
                                        <----- YGCGCAYgCGCR    (17.00 1.4167)
02051  tttgctatggcgatgagcagcggcggcagtggtggcggcgtcccggagca
            -----> ATGGCG    (12.00 2.0000)
             <----- TGGCGA    (12.00 2.0000)
                   -----> RCgRCRRCRGC    (13.00 1.1818)
                               <----- GTGGCGGtGT    (16.00 1.6000)
02101  ggaggattccgtgctgttccggcgcggcacaggccag//
           -----> NTTCNNTtCNNTTCN    (14.00 0.9333)
                -----> CTGTTC    (12.00 2.0000)
                     <----- GGgGCGGCAC    (16.00 1.6000)
                         -----> GGCACA    (12.00 2.0000)
```

Récemment, Sumiyama *et al* (Genomics, 2001) ont suggéré la nécessité de rechercher au sein des promoteurs les séquences conservées au cours de l'évolution dans des espèces modérément éloignées, comme par exemple l'homme et la souris. En effet, il a été montré que des éléments de contrôle sont fréquemment conservés pour assurer une fonction vitale ou, dans le cas d'un promoteur, révéler des sites de liaisons à des facteurs de transcription.

J'ai comparé la séquence du gène SMN1 (GenBank accession :14728881) avec la séquence du gène SMN murin (GenBank accession: 4103775) en utilisant le programme BLAST (Basic Local Alignment Sequence Tool).

Sequence 1 gi 14728881	Homo sapiens region containing survival of motor neuron 1, telomeric; survival of motor neuron 1, telomeric; survival of motor neuron 1, telomeric; survival of motor neuron 1, telomeric; survival of motor neuron 2, centromeric (LOC91918), mRNA	**Length** 1623 (1 .. 1623)
Sequence 2 gi 4103775		**Length** 1336 (1 .. 1336)

```
Query: 61   cctcccggccaccgtactgttccgctcccagaagcccc 98
             ||||| |||||||||||| ||||| |||||||||||||
Sbjct: 1244 cctccgggccaccgtactcttccggtcccagaagcccc 1281
```

L'homologie obtenue entre la séquence du promoteur murin et humain (SMN1) est très petite (une séquence de 38 paires de bases) ;

Nous avons donc vu que l'alignement des deux séquences montre une seule région hautement conservée.

Cette séquence est constituée de 38 nucléotides située 65 paires de bases en amont de l'ATG :

1 tcgaagcttt ataaaaacat actttttttt ttactttttt tttttttct gagacacagc
61 ctcactctgt cgcccaggct ggagtgcagg ttttcatgtt tatctgtgag atgtaccttt
121 ggcacattac tttcctgaca tgagatttaa attttttttt ttatcttgtg ---------
----
-----------------------------atacacgcca caaatgtggg agggcgataa ccactcgtag
1921 aaagcgtgag aagttactac aagcggt**cct cccgggcacc gtactgttcc gctcccagaa**
1981 **gcccc**gggcg ccggaagtcg tcactcttaa gaagggacgg ggccccacgc tgcgcacccg
2041 cgggtttgct atggcgatga gcagcggcgg cagtggtggc ggcgtcccgg agcaggagga
2101 ttccgtgctg ttccggcgcg gcacaggcca g…….EXON 1

J'ai scanné la séquence conservée chez la souris avec différents programmes qui permettent de découvrir des facteurs de transcription putatifs : TESS, TFScan, MatInspector, TFSEARCH et AliBaba.

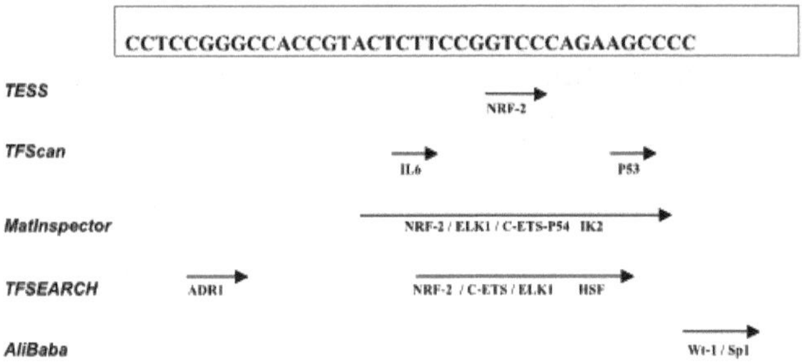

Puis j'ai fait de même avec la séquence humaine.

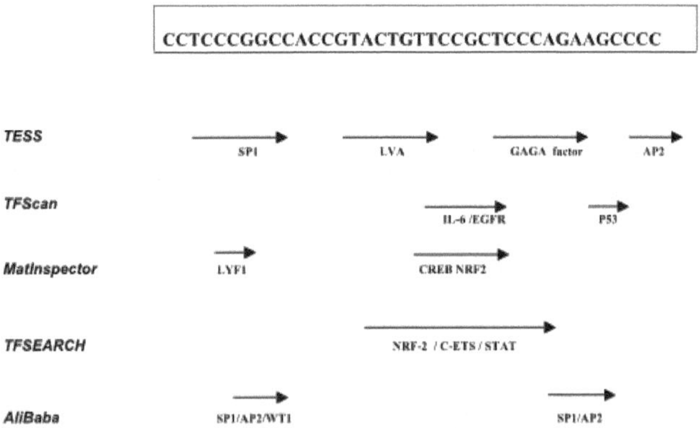

Par analyse informatique les facteurs de transcription pouvant être présents dans cette séquence sont nombreux. Toutefois, il y en a qui reviennent plus fréquemment et qui sont communs à la séquence murine et humaine.

Avec les indications fournies par l'étude du promoteur SMN, nous avons pu choisir les molécules à tester pour induire le gène SMN2.

L'étude des sites de liaisons potentiels pour des facteurs de transcription ont révélés les sites IL-6 RE, stat et GAGA factor qui répondent tous trois à une stimulation à l'interleukine-6(IL-6).

L'action de ces facteurs de transcription est le résultat d'une longue chaîne d'évènements commençant par la liaison d'une cytokine à son récepteur spécifique et finissant par l'expression tissu-spécifique (ou la répression) de gènes et/ou à l'altération dans l'activité fonctionnelle d'une cellule. Nous avons donc choisi de tester l'IL-6.

AP2 est un facteur de transcription abondant dans la crête neurale et peut être induit par les acides rétinoïques et la forskoline.

WT1 est spécifique du rein et est produite par le gène WT (Wilm's Tumor) ; il n'y a pas de molécule connue pour l'induire ;

C'est aussi le cas du facteur NRF2 qui est un facteur nucléaire agissant au niveau des gènes mitochondriaux en réponse à une demande en énergie de la cellule.

La première étape de mon travail a été de tester en western blot si ces molécules avaient un effet sur le taux de protéine SMN en utilisant des individus SMA (pour voir l'effet sur le gène SMN2) et sur des individus contrôles (pour l'effet sur les deux gènes) et ce, sur deux types de cellules : des fibroblastes et des lignées lymphoblastoïdes.

Puis j'ai étudié l'effet de ces drogues en immunocytochimie afin de voir la distribution cellulaire après le traitement. Enfin, j'ai analysé cette distribution cellulaire par des études de fractionnement sub-cellulaire.

Analyse en Western blot

Des expériences ont été effectuées sur des lignées lymphoblastoïdes et fibroblastiques d'individus témoins et de patients SMA. Les expériences ont été répétées de trois à cinq fois.

J'ai sélectionné les interférons béta et gamma car ces molécules ont été décrites comme ayant une induction de l'expression de SMN d'à peu près deux fois (Baron-Delage, 2000).

Ainsi, ces molécules fournissent un contrôle interne pour vérifier que les inductions aient été effectives. Nous avons ajouté de 1 ng/ml d'interféron béta. La durée de mise en contact avec ces drogues à été de 24 H.

La quantité d'interleukine-6 à été de 2000 unités / ml. Les expériences ont été répétées de trois à neuf fois selon le type cellulaire.

Pour l'analyse des acides rétinoiques la concentration choisie à été de 1 µM pendant 24h.

Les concentrations et durées de mise en contact ont été choisies parmi celles qui sont le plus couramment utilisées dans la littérature (Faisst et Meyer, 1992).

Néanmoins, il a fallu déterminer quelles étaient les conditions les meilleures et cela a nécessité une mise au point en testant différents temps d'incubation avec les drogues à différentes concentrations.

Les cellules ont été cultivées puis divisées en deux lots équivalents, l'un subissant le traitement et l'autre non, afin de comparer les cellules traitées ou non dans les mêmes conditions de culture.

Les western blots obtenus ont été scannés avec le programme Sigmagel : on obtient ainsi une induction relative de l'échantillon traité par rapport à celui non traité. Les résultats ont ensuite été compilés pour comparer l'ensemble des drogues testées par type cellulaire pour le témoin et le patient.

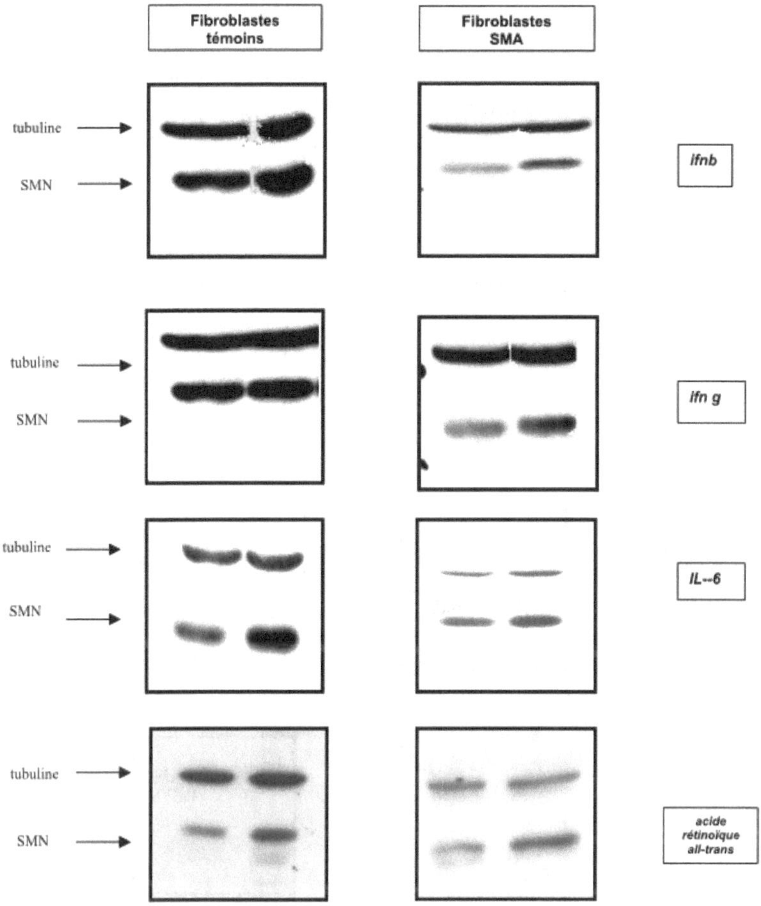

Les western blots suivants représentent les résultats obtenus avec les différentes drogues testées sur les fibroblastes : Sur la piste de droite il y a l'échantillon non traités et à gauche celui qui a été traité ; j'ai normalisé avec la béta-tubuline afin d'évaluer la quantité de protéine déposée.

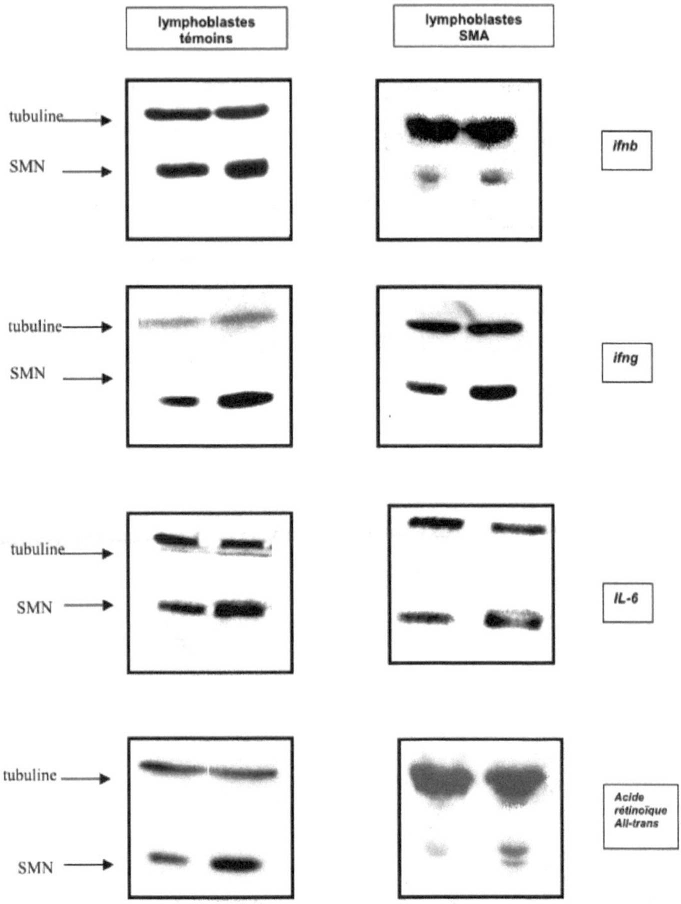

Les western blots suivants représentent les résultats obtenus avec les différentes drogues testées sur les lignées lymphoblastoïdes.

Nous avons scanné les différents Western blots obtenus lors des inductions avec les drogues pour les cellules d'individus témoins.

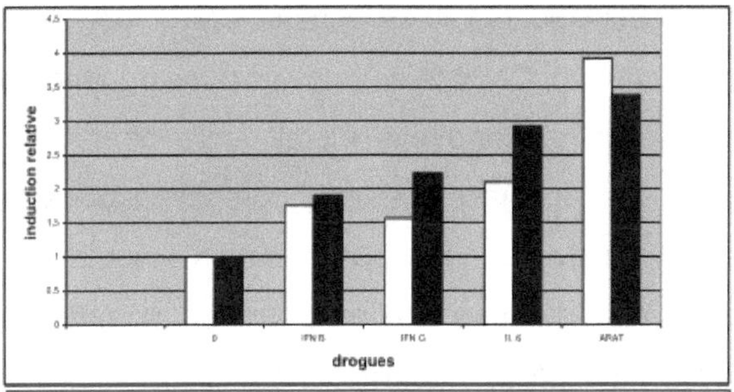

Inductions relatives obtenues chez des **individus témoins** avec les différentes drogues testées.
En blanc : fibroblastes ; En noir : lignées lymphoblastoïdes.

De même, les inductions relatives ont été obtenues en scannant les western blots d'extraits protéiques d'individus SMA I. On observe les mêmes effets que chez les individus témoins.

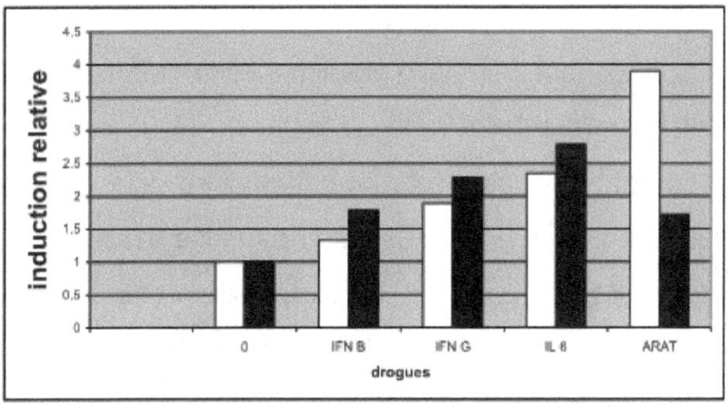

Inductions relatives obtenues chez des **individus SMA** avec les différentes drogues testées.
En blanc : fibroblastes ; En noir : lignées lymphoblastoïdes.

Analyse immunocytochimique

L'analyse du promoteur nous à conduit à sélectionner plusieurs molécules candidates pour activer le gène SMN2 par le biais des facteurs de transcription; Comme nous disposions de fibroblastes de patients et de témoins immortalisés, il était facile pour nous de les cultiver afin de les analyser par méthode immunocytochimique. Les cellules sont cultivées dans des flasques jusqu'à confluence puis trypsinées afin de les récolter pour les compter puis les réensemencer dans des cupules destinées à l'expérience d'immunocytochimie. Les cellules sont ensemencées au nombre de 20 000 par cupules et cultivées en présence de drogue ou non pendant 24 heures. Les cellules sont lavées du milieu puis fixées à la formaldéhyde 4%, perméabilisées au Triton x100 ; Après un blocage à la BSA et sérum de cheval, on incube l'anticorps anti-SMN puis l'anticorps secondaire. On effectue ensuite une coloration au DAPI pour visualiser le noyau plus facilement. Les lames obtenues sont ensuite observées au microscope à fluorescence. Ces analyses nous ont permis d'étudier *in situ* l'effet des drogues avec lesquelles nous avions traité les cellules. Nous nous sommes ainsi rendu compte que les effets pouvaient être différents selon la drogue utilisée : en effet, le taux de SMN dans les extraits cellulaires totaux peut augmenter en western blot, mais cette approche ne permet pas de juger simultanément de l'action des drogues sur les pools nucléaire et cytoplasmique de la protéine SMN.

La méthode immunocytochimique développée avec l'anticorps anti SMN est donc nécessaire pour juger de la présence de gems dans le noyau.

Effet du traitement des fibroblastes SMA I et témoins par l'IL6

J'ai montré par l'analyse en western blot que l'interleukine 6 avait un effet chez les individus témoins et chez les malades. Nous avons montré une augmentation du taux de protéine de 2-3 fois ; Nous avons donc jugé *in situ* par immunofluorescence indirecte cette augmentation en immunocytochimie ;

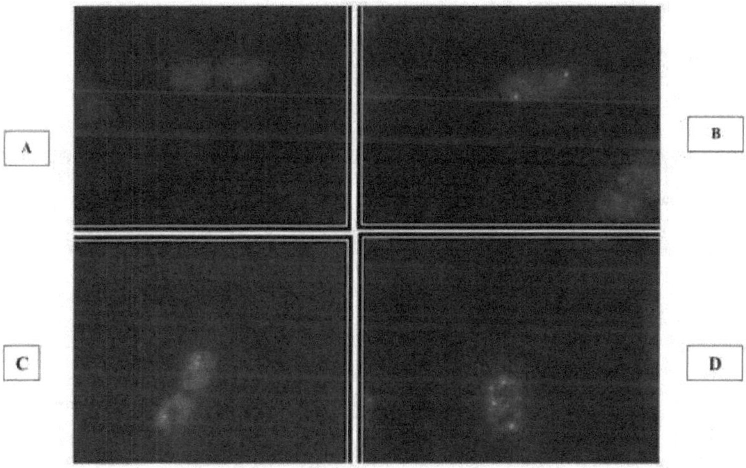

En A : fibroblastes de malades (SMA I) non traités. On remarque l'absence de gems En B : Fibroblastes témoins non traités En C : fibroblastes de malades (SMA I) après traitement. Il y a réapparition des gems. En D : Fibroblastes témoins traités à l'IL6

Chez les malades, la diminution de protéine se traduit par l'absence de marquage, et si elle est difficile à quantifier pour le cytoplasme, tout du moins on remarque une absence quasi totale des gems. Quelques cellules conservent néanmoins leurs gems.

Après traitement à l'IL-6, on observe une augmentation importante du nombre de cellules qui ont des gems.

Chez les témoins, les gems sont toujours présents (quoique ce n'est pas vrai pour toutes les cellules). Après traitement à l'IL-6, on ne voit donc pas d'effet sur le pool nucléaire sauf parfois une augmentation de la taille des gems; Toutefois, il est possible que l'effet observé se traduise par l'augmentation du nombre de cellules qui ont des gems.

Pour les cellules témoins, il est difficile de juger d'une augmentation de cellules qui ont des gems, étant donné qu'il y en a déjà beaucoup avant le traitement ; Nous avons donc compté les cellules avec zéro gem, un, deux et plus avant et après traitement par l'IL-6 :

	0	**1**	**2**	**3**	**4**	**5**	**6**	**7**	**8**	**Nombre de cellules**
CT O	104	16	21	27	20	8	6	6	6	214
CT IL6	45	28	35	22	18	17	3	3	7	178

On remarque qu'il y a quand même une grande proportion de cellules sans gems chez les témoins ; Le nombre de cellules avec gems passe de 51% à 75% après traitement.

A partir d'une expérience faite en parallèle mais sur des fibroblastes de malade, il était plus aisé de voir une augmentation du nombre de cellules avec gems, car celles-ci sont rares chez les patients atteints de SMA. J'ai effectué un comptage des cellules afin de distinguer celles qui n'ont pas de gems de celles qui en ont un ou plusieurs par noyau :

	0	1	2	3	**Nombre de cellules**
SMA O	281	10	9	0	300
SMA IL6	230	40	22	8	300

On remarque qu'il n'y a pas beaucoup de cellules avec un nombre supérieur à trois gems. Après traitement le nombre de cellules avec gems passe de 6% à 23%. Le nombre de gems passe de 9 gems pour 100 cellules à 36 pour 100.

Ces comptages nous montrent qu'il y a une augmentation des gems par un traitement à l'IL-6, et cet effet est visible chez les patients ainsi que chez les individus témoins.

Effet du traitement des fibroblastes SMA I et témoins par l'Acide rétinoïque all-trans

J'ai montré par l'analyse en western blot que l'Acide rétinoïque all-trans avait aussi un effet chez les individus contrôles et chez les malades; nous avons montré une augmentation du taux de protéine d'à peu près 2 fois ; Nous avons analysé cette augmentation en immunocytochimie ;

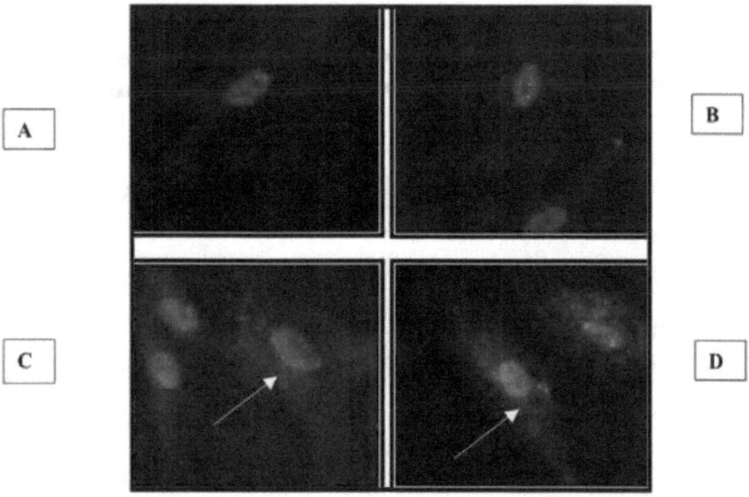

En A : fibroblastes de malade (SMA I) non traités. On remarque l'absence de gems ; En B : fibroblastes contrôles non traités. En C : fibroblastes de malade (SMA I) après traitement. Le marquage cytoplasmique est plus fort. En D : fibroblastes contrôles après traitement

Chez les malades, la diminution de protéine se traduit par l'absence de marquage. Après traitement, il y a toujours une absence des gems.

Par contre, il semble que le marquage cytoplasmique soit plus fort que les cellules non traitées. Chez les contrôles, le nombre de cellules avec gems semblent diminuer après traitement (comme on le voit sur cette image, certaines cellules comportent encore des gems), et on observe aussi un marquage cytoplasmique plus important.

Pour les cellules contrôles, nous avons noté une diminution du nombre de cellules avec des gems lors du traitement par l'acide rétinoïque ; pour voir si ces observations sont significatives, nous avons compté les cellules avec zéro gem, un, deux et plus avant et après traitement :

	0	**1**	**2**	**3**	**4**	**Nombre de cellules**
CT O	28	33	50	16	2	129
CT AR	118	23	13	0	0	154

Dans cette expérience, le nombre de cellules avec gems passe de 78% à 23% après traitement.

Il y a donc un effet de l'acide rétinoïque, qui diminue le nombre des gems.

A partir d'une expérience faite en parallèle mais sur des fibroblastes de malade, il fallait voir une diminution du nombre de cellules avec gems. J'ai effectué un comptage pour évaluer le nombre de cellules qui n'ont pas de gems de celles qui en ont un ou plusieurs par noyau :

	0	1	2	3	Nombre de cellules
SMA O	184	6	9	1	200
SMA AR	100	0	0	0	100

Après traitement le nombre de cellules avec gems passe de 8% à 0%. Le nombre de gems passe de 14 gems pour 100 cellules à 0.

Ces comptages montrent la diminution des gems par un traitement à l'acide rétinoïque, cet effet est visible chez les individus contrôles mais aussi chez les patients.

Effet sur le nombre de gems

Nous avons vu que le nombre de gems, chez les malades SMA, est corrélé à la sévérité de la maladie. A la lumière des résultats obtenus avec l'IL-6 et l'acide rétinoïque il était important de quantifier l'augmentation ou la diminution des gems en effectuant un comptage de ces gems sur des fibroblastes traités et non traités.

Sur ce tableau récapitulatif, on remarque que :

Phenotype	traitement	total n° de cellules	noyaux avec gems	gems/100 noyaux
Normal	Pas de traitement	129	78%	147
Normal	Acide retinoique	154	23%	32
Normal	IL-6	178	95%	233
SMA I	Pas de traitement	300	6%	9
SMA I	Acide retinoique	100	0%	0
SMA I	IL-6	300	23%	36

Chez les témoins : l'action de l'acide rétinoïque diminue le nombre de gems et le nombre de cellules ayant des gems d'à peu près quatre fois. L'interleukine-6 augmente le nombre de gems de quatre fois et le nombre de cellules avec gems augmente de 80 à 95%. Chez les malades: l'acide rétinoïque diminue le nombre de gems de façon dramatique, car ce nombre est déjà très faible en dehors de tout traitement. Par contre l'interleukine-6 augmente le nombre de gems (aussi de quatre fois) ainsi que le nombre de cellules avec gems. Ainsi, le comptage de gems nous conforte sur les résultats obtenus en immunohistochimie pour les phénomènes observés dans le noyau.

Fractionnements

Pour caractériser la localisation de la protéine SMN observée en immunocytochimie, j'ai effectué des expériences de fractionnement sur des fibroblastes immortalisés d'un patient SMA type I et d'un individu contrôle. Ici, le fractionnement sert à séparer le noyau du cytoplasme; SMN étant présent dans ces deux compartiments cellulaires, on ne peut pas distinguer sur un extrait total de protéine en western blot à quelle fraction appartient la protéine qui sera détectée. De cette façon, il sera possible de quantifier dans quel compartiment la protéine est augmentée ou diminuée après un traitement par les drogues. Les cellules sont cultivées jusqu'à confluence puis trypsinées; les cellules récoltées sont divisées en deux de façon à avoir le même nombre par flasque réensemensée. Les cellules sont alors traitées par les drogues (acide rétinoique all trans ou interleukine 6), une flasque servant de contrôle non traité. Après 24 heures, les cellules sont récoltées et le fractionnement est immédiatement effectué sur une partie des cellules pour chaque échantillon. Le fractionnement est effectué selon le protocole NE-PER fourni par PIERCE, les extraits de protéine sont dosés par le test de Bradford puis les échantillons sont déposés sur un gel de polyacrylamide à 12%. Les western blots sont ensuite incubés avec un anticorps anti-SMN, anti-α-actine et anti β-tubuline pour déterminer la quantité de protéine déposée. Nous nous sommes assuré que le fractionnement avait bien fonctionné avec des anticorps spécifiques du cytoplasme (anti β -tubuline).

Nous avons effectué les expériences de fractionnements sur des fibroblastes provenant d'un individu témoin et SMA type I afin d'étudier l'effet de l'acide rétinoïque all-trans :

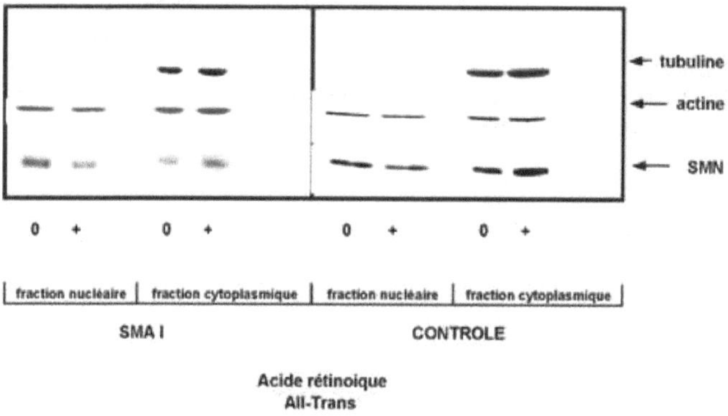

Le taux de protéine est augmenté de façon générale par le traitement (extrait total). La fraction cytoplasmique est augmentée de 2 fois chez le témoin et 5 fois chez le malade alors que la fraction nucléaire est diminuée d'autant.

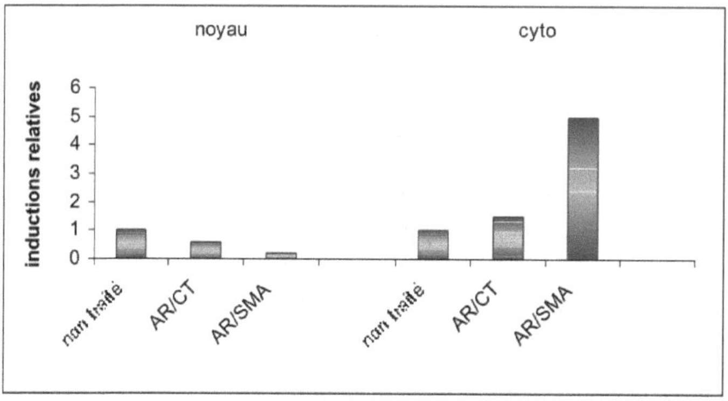

De même que pour les acides rétinoïques all-trans, nous avons voulu vérifier par des expériences de fractionnement la distribution de la protéine SMN mais cette fois-ci après traitement à l'interleukine-6.

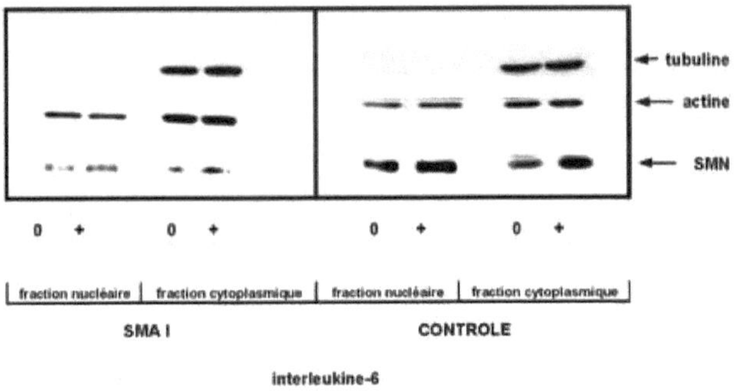

Ces fractionnements sont faits sur des fibroblastes provenant d'un individu témoin et SMA de type I. Après avoir vérifié que le traitement augmente le taux de protéine (fraction totale), les taux de protéine des fractions nucléaire et cytoplasmique sont augmentées chez les deux individus (2 fois pour la fraction cytoplasmique et 2-4 fois pour le noyau).

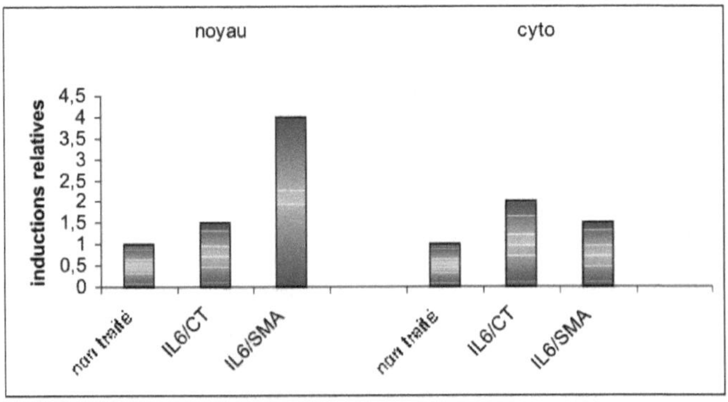

J'ai obtenu les résultats suivants:

- *Acide rétinoïque :*

Cette expérience montre que dans le noyau (fraction nucléaire) la quantité de SMN est moins importante que dans la piste de gauche (0 = échantillon non traité) par rapport à celle de droite (+ = échantillon traité) indiquant une diminution du taux de cette protéine dans la fraction nucléaire après traitement. Ces observations sont valables pour le malade et le témoin.

On remarque que, toujours dans la même expérience, la fraction cytoplasmique est augmentée après traitement (+), et ceci aussi bien chez le malade que chez le témoin.

- *Interleukine-6 :*

Cette expérience montre que dans le noyau (fraction nucléaire) la quantité de SMN est plus importante que dans la piste de droite (+ = échantillon traité) par rapport à celle de gauche (0 = échantillon non traité) indiquant une augmentation du taux de cette protéine dans la fraction nucléaire après traitement. Ces observations sont valables pour le malade et le contrôle.

On remarque que, toujours dans la même expérience, la fraction cytoplasmique est augmentée après traitement (+), et ceci aussi bien chez le malade que chez le témoin.

II

DISCUSSION

Les travaux de recherche qui ont conduit en 1995, à l'identification du gène SMN1 ont permis de mettre en évidence une région chromosomique d'une grande complexité. En effet, il existe au locus SMA une duplication de quatre gènes et il en résulte que le gène SMN1 possède une copie fortement homologue, SMN2. L'organisation de cette région est propice aux réarrangements responsables des fréquentes délétions du gène SMN1 observées chez les trois formes d'amyotrophie spinale (Burlet, 1996 ; Rodrigues, 1996 ; Velasco, 1996 ; Bürglen, 1997 ; Carter, 1997 ; Simard, 1997). Les premières études sur la variabilité phénotypique de la maladie révèlent une augmentation du nombre de copies du gène SMN2 chez les patients atteints de formes intermédiaires et modérées de la maladie (Lefebvre, 1995 ; Campbell, 1997 ; Parson, 1996 ; Vitali, 1999 ; Wirth, 1999 ; Gerard, 2000). Ces données ont ouvert des perspectives sur le rôle joué par le gène SMN2 dans la compréhension de la physiopathologie des SMA. Les études que nous avons menées sur l'expression de la protéine SMN chez l'homme étaient une étape indispensable afin d'appréhender les conséquences des altérations du gène SMN1 chez les patients atteints de SMA.

Corrélation étroite entre le taux de protéine SMN et le phénotype SMA

Les gènes SMN1 et SMN2 codent tous les deux pour une protéine avec la même séquence en acides aminés traduite à partir du transcrit retenant l'exon 7 et commun aux deux gènes. Les expériences menées en western blot révèlent que ces gènes codent une protéine de mobilité apparente identique de 38 kDa, appelée SMN. Ainsi, nous révélons lors de nos immunodétections la protéine SMN codée par les gènes SMN1 et SMN2 chez les témoins et la protéine SMN codée par le seul gène SMN2 chez les patients.

Nous avons montré qu'il y avait une corrélation étroite entre le niveau de protéine SMN et l'atteinte des patients SMA en analysant par western blot les extraits protéiques totaux préparés à partir de lignées lymphoblastoïdes d'individus témoins et atteints de SMA type I, II ou III. On s'aperçoit que le taux de protéine est fortement réduit chez tous les individus atteints de type I (un taux résiduel de 5-20%) et cela de manière indépendante de l'étendue de la délétion dans la région 5q13 ou de la nature de la mutation intragénique du gène SMN1. La variabilité du taux de protéine SMN observée chez les individus de type II est le reflet du continuum clinique entre les formes sévères et modérées de la maladie. La sévérité dans ce groupe de patients peut être aussi corrélée au taux de protéine résiduel.

Ces résultats ont donc une implication directe pour le diagnostic des SMA de type I. Ils permettent, à partir de l'analyse du taux de protéine SMN dans les lymphoblastes ou les fibroblastes en culture, de confirmer un diagnostic clinique chez un patient ne présentant pas de délétion homozygote du gène SMN1.

D'autre part, le groupe de Gidéon Dreyfuss a montré dans les cellules HeLa, que la protéine SMN est diffuse dans le cytoplasme et concentrée dans le noyau au niveau des gems. J'ai entrepris une analyse morphologique combinée à une approche immunocytochimique sur coupes transversales de moelle épinière de fœtus humains témoins, qui met en évidence une forte expression de la protéine au niveau des motoneurones, les cellules dégénérées dans les SMA. La protéine est aussi retrouvée fortement exprimée au niveau du foie dans les hépatocytes (et non dans les cellules hématopoïétiques) chez les fœtus témoins. Les études sur coupes de moelle épinière de fœtus prédits atteints de SMA révèlent la présence normale dans le noyau des coiled bodies immunopositifs pour la p80-coilin (marqueur protéique des coiled bodies) et la réduction marquée du nombre de gems. Il existe donc une corrélation entre le taux de protéine SMN et le nombre de gems détectés chez les patients.

Ces résultats indiquent que la protéine SMN2 est partiellement active et apportent la première base moléculaire d'une classification entre les formes sévères et les formes modérées de la maladie.

Régulation de l'expression de la protéine SMN au cours du développement embryonnaire chez l'homme

Plusieurs équipes de recherche ont produit des anticorps polyclonaux et monoclonaux dirigés contre la protéine SMN. Notre groupe a produit les seuls anticorps monoclonaux spécifiques de la protéine SMN humaine. J'ai pu poursuivre l'étude de l'expression spatio-temporelle de la protéine SMN à l'aide de l'un de ces anticorps monoclonaux, le 4B3. L'analyse de l'expression de la protéine SMN en immunoblot montre une bande de même taille apparente de 38 kDa dans tous les tissus fœtaux témoins testés. Ces résultats confirment que la protéine est ubiquitaire et que le transcrit détecté dans tous les tissus est traduit en protéine.

Dans les tissus fœtaux étudiés tels que le foie, rein, poumon, cerveau et la moelle épinière nous détectons en immunocytochimie la protéine SMN de façon diffuse dans le cytoplasme et concentrée dans le noyau au niveau des gems. Dans les cellules musculaires fœtales, j'ai observé la protéine SMN concentrée dans de larges structures cytoplasmiques de taille comparable à celle des gems. De telles structures n'avaient jamais été décrites auparavant et sont spécifiques du muscle squelettique. Nos études montrent que la protéine ne se limite pas uniquement à la distribution décrite dans les cellules en culture. Un autre groupe a rapporté dans des études plus récentes la même distribution dans le muscle fœtal. Cette distribution est conservée dans différentes espèces (lapin, cochon ou homme) (Young, 2000). Le faible niveau de protéine exprimée dans tous les tissus issus de fœtus prédits pour être atteints de SMA est sous le seuil de détection de mes conditions expérimentales.

Nos données permettent de dire que chez les malades la protéine SMN est déficitaire à la fois dans la moelle épinière et le muscle, mais nous ne pouvons pas déterminer dans quel tissu le déficit rend compte de la maladie. De plus, devant le caractère ubiquitaire de la protéine SMN, nous ne pouvons pas totalement exclure le rôle d'un autre type cellulaire dans l'évolution de la pathologie. D'autre part, la création de modèles animaux par l'inactivation conditionnelle du gène Smn murin uniquement dans les neurones par l'équipe de Judith Melki conduit à une dégénérescence des motoneurones spinaux associée à une atrophie musculaire (Frugier, 2000). Cette observation pourrait indiquer que le défaut primaire soit au niveau des neurones. La création d'un modèle de la maladie humaine par l'expression du transgène SMN2 chez des souris Smn -/- sauve la létalité embryonnaire observée après inactivation complète du seul gène Smn murin (Schrank, 1997). L'étude détaillée de l'expression de la protéine SMN2 au cours du développement chez ces souris devrait aussi permettre de définir là où la protéine est essentielle.

Nous avons montré que le taux de la protéine SMN humaine décroît de manière importante en période post-natale pour tous les tissus étudiés en périodes fœtale et post-natale (muscle squelettique, cœur, cerveau, rein).

Cette diminution est cependant moins marquée dans le rein. Ces résultats indiquent que la protéine SMN reste abondante dans un tissus où la prolifération cellulaire est importante. Des études similaires réalisées chez le rat montre que le taux de protéine SMN est aussi fortement réduit en période post-natale (La Bella, 1998).

Par ailleurs, nous nous sommes aussi intéressés à la distribution de la protéine SMN dans un modèle de différenciation cellulaire en culture. L'analyse des cellules musculaires de souris Sol8 avec l'équipe de J. Cartaud (Institut Jacques Monod) montre que les myoblastes en stade de prolifération présentent un fort marquage SMN qui décroît dans les cellules différenciées en myotubes. Ces résultats confirment l'effet joué par la différenciation cellulaire sur l'immunodétection de la protéine SMN. Cependant, le lien qui semble exister entre la prolifération cellulaire et la fonction de SMN reste encore inconnu.

L'ensemble de ces données suggère fortement que les produits des gènes SMN1 et SMN2 aient une stabilité et/ou une expression spatio-temporelle différente et qu'ils aient un rôle essentiel au cours du développement. Nos résultats montrent que le gène SMN2 est un gène modificateur majeur dans la sévérité de l'amyotrophie spinale. Cette première étape de mon travail ouvre des perspectives thérapeutiques intéressantes.

Domaine du promoteur du gène SMN conservé chez la souris

Mon étude sur l'expression spatio-temporelle de la protéine SMN et de nombreuses études récentes suggèrent que les gènes SMN, tant chez l'homme que les rongeurs, seraient soumis à des mécanismes de régulation de l'expression au cours du développement. Dans la seconde partie de ma thèse, je me suis fixé pour objectif de vérifier l'hypothèse selon laquelle les gènes SMN 1 et SMN2 pouvaient être induits en identifiant des composés chimiques capables d'augmenter l'expression de la protéine SMN dans des cellules en culture.

Les premières analyses de séquence des gènes SMN1 et SMN2 ont tout d'abord montré que la région promotrice minimale est identique (Burglen, 1996). J'ai analysé le promoteur du gène SMN (2 kbp) décrit dans les bases de données (Monani,1999) à l'aide de nombreux programmes informatiques (TESS, TFsearch, Matt Inspector, Tfscan, Alibaba) permettant d'identifier des motifs nucléotidiques auxquels peuvent se fixer des facteurs de transcription. L'alignement de la séquence du promoteur du gène SMN avec ces banques de motifs nucléotidiques révèle un très grand nombre de sites de liaisons potentiels pour des facteurs de transcription.

Par exemple, il est possible d'observer à l'aide du programme TESS entre 200 et 250 sites de liaisons putatifs dans le promoteur de SMN. Les résultats observés par cette approche vont varier suivant le programme utilisé. Aussi, des sites de liaisons à des facteurs de transcription différents ont été rapportés dans les deux études fonctionnelles visant à caractériser le promoteur des gènes SMN1 et SMN2 (Echaniz-Laguna, 1999 ; Monani, 1999).

Devant l'importance du nombre de facteurs de transcription putatifs dans le promoteur des gènes SMN, j'ai adopté une stratégie basée sur l'analyse phylogénique de ce promoteur. La comparaison de séquences entre le promoteur du gène SMN humain et murin a permis de mettre en évidence une région conservée, ayant probablement un rôle important au niveau fonctionnel. Cette comparaison nous a permis d'identifier des motifs de liaisons putatifs et de définir des molécules à tester pour leur effet sur l'expression de la protéine SMN. Parmi ces facteurs de transcription identifiés, certains sont inductibles par des molécules comme l'interleukine-6 (GAGA , STAT, IL-6-RE) ou les acides rétinoïques. Souvent ces molécules ont été décrites comme ayant un rôle antagoniste.

La stratégie qui vise à établir une comparaison entre les promoteurs humain et murin du gène SMN vient d'être récemment décrite par le groupe de Louise Simard (au Canada) qui arrive aux mêmes conclusions sans toutefois tester l'effet des molécules sur des cellules en culture (Germain-Deprez, 2001). Cette approche prouve son efficacité et peut donc également révéler de nouveaux sites de liaisons intéressants. Par exemple, il existe un site de liaison putatif pour le facteur de transcription Wt1. Il est intéressant de noter que ce facteur est ubiquitaire et que dans le rein, des isoformes de cette protéine sont associées à des composants des coiled bodies et du spliceosome (Larsson, 1995), tout comme SMN. Or, nous avons observé que la protéine SMN reste fortement exprimée en période post-natale dans le rein par rapport aux autres tissus.

Si un lien existe entre le facteur Wt1 et SMN, il pourrait être aborder dans un modèle cellulaire telle que la lignée cellulaire 293 issue du rein foetal humain.

Il reste à déterminer si les autres sites de liaison que nous avons observés ont un rôle dans la transcription de SMN, comme par exemple NRF2 (des pathologies mitochondriales donnent aussi des maladies neuromusculaires proches des amyotrophies spinales), C-ets, P53 (une protéine qui interagit avec SMN).

Etude de l'action positive de l'IL-6 et de l'acide rétinoïque sur le taux de protéine SMN

• Analyse en western blot d'extraits totaux de cellules

Une première approche a consisté à analyser en western blot l'effet de nombreuses molécules sur le taux de protéine SMN exprimée dans des cellules facilement accessibles, les fibroblastes immortalisés et lignées lymphoblastoïdes. Le groupe de Laura Beretta en collaboration avec celui de Judith Melki a rapporté l'induction à l'aide des interférons beta, gamma des gènes SMN (Baron-Delage, 2000). Les interférons nous ont servi de témoins pour mettre au point et valider notre protocole d'induction. Et nous avons retenu pour nos analyses détaillées les molécules donnant au moins les mêmes résultats d'induction. Deux molécules ressortent de mon étude. Il s'agit de l'acide rétinoïque all-trans et de l'interleukine-6. Ces drogues donnent une augmentation relative de une fois et demi à deux fois supérieure à celle des interférons selon le type cellulaire traité. J'ai observé les mêmes effets d'induction relative tant chez le malade que l'individu témoin. Il en résulte chez la cellule issue du malade de type I un taux de protéine SMN presque comparable à celui retrouvé dans la cellule témoin non induite. Cependant, cette première analyse par immunoblot sur extraits totaux ne permettait pas d'évaluer les effets sur les deux pools de SMN (nucléaire et cytoplasmique). L'analyse complémentaire en immunocytochimie a mis en évidence des effets sur la distribution sub-cellulaire de la protéine, selon que l'on traite par l'acide rétinoïque all-trans ou l'interleukine-6.

• **Analyse de la distribution subcellulaire de la protéine SMN**

a) Approche immunocytochimique

Ma démarche a ensuite consisté à affiner l'analyse par une approche immunocytochimique, afin de voir l'effet des drogues sur la distribution subcellulaire de la protéine SMN. J'ai d'abord testé l'effet par le traitement aux interférons. Les interférons beta et gamma n'ont pas d'effet visible tant chez les cellules issues de malades que chez les cellules témoins. En revanche, un effet sur la distribution subcellulaire de SMN a été observé pour l'acide rétinoïque all-trans et l'interleukine-6.

L'analyse détaillée après traitement par l'acide rétinoïque révèle que l'augmentation de la protéine se situe dans le compartiment cytoplasmique et que son action à un effet délétère sur le nombre de gems et le pool nucléaire en général. De façon très intéressante, un phénomène inverse se produit après traitement à l'IL-6 : j'ai détecté la présence de gems qui sont normalement presque absents dans les cellules de malades de type I. Chez les cellules témoins, une analyse statistique avant et après traitement à l'Il-6 montre aussi une nette augmentation du nombre de gems. Il n'est pas facile en immunofluorescence indirecte d'estimer l'augmentation du niveau de protéine SMN dans le pool nucléaire avant et après traitement, car la protéine est concentrée dans les gems et le signal se sature rapidement. C'est pour cela que j'ai entrepris des études biochimiques de fractionnement pour analyser plus finement en immunoblot l'effet sur le pool nucléaire.

b) Approche biochimique

L'analyse des effets de l'Il-6 et de l'acide rétinoique all-trans sur les fractions cytoplasmique et nucléaire préparées à partir de fibroblastes immortalisés d'un malade de type I et d'un témoin, nous a permis de déterminer une indépendance entre les deux pools de protéine SMN. Les deux drogues testées montrent en western blot une augmentation du niveau de protéine SMN dans la fraction cytoplasmique. Par contre, l'acide rétinoïque est associé à une diminution du niveau de la protéine SMN dans la fraction nucléaire, alors que l'IL-6 montre une augmentation de cette fraction. D'autre part, il reste une fraction insoluble contenant aussi de la protéine SMN qui peut difficilement être quantifiée dans mon système expérimental. Néanmoins, il est possible de conclure sur la signification de mes résultats en combinant les observations faites à la fois en immunocytochimie et en biochimie. L'indépendance entre les deux fractions de protéine SMN suggère que l'augmentation de la fraction nucléaire, et le nombre de gems, soit sous un contrôle différent de celui rendant compte de l'augmentation d'expression, qui est probablement transcriptionnel.

De nombreuses études ont montré le rôle de l'acide rétinoique au cours du développement chez les mammifères et sur la différenciation cellulaire (Maden, 2001 ; Zile,2001). L'analyse de l'expression de SMN pendant ma thèse m'a permis de définir dans la fibre musculaire fœ tale normale une diminution du nombre et de la taille des gems cours du développement. Il serait donc intéressant de tester le niveau de protéine SMN cytoplasmique et nucléaire dans un modèle cellulaire de différenciation par l'acide rétinoique. Quant à elle, l'interleukine-6 est une cytokine impliquée dans la prolifération cellulaire. Le fait que la protéine SMN soit augmentée dans la fraction nucléaire pourrait être étroitement lié à l'augmentation de l'expression d'un grand nombre de gènes lors de la prolifération cellulaire.

III

CONCLUSIONS

PERSPECTIVES

L'identification du gène SMN1 dont les mutations sont responsables de l'amyotrophie spinale infantile n'a pas permis d'en connaître le rôle, ni de déterminer la physiopathologie de la maladie. L'analyse au niveau protéique a débouché sur des découvertes importantes chez l'homme. En effet, la protéine SMN est impliquée dans des fonctions cellulaires générales, l'assemblage des petits ARN nucléaires, la biogenèse des ARN ribosomaux et la transcription. Cependant, la fonction de la protéine SMN responsable de la maladie reste à déterminer. L'implication d'un gène dupliqué, SMN2, dans la variabilité phénotypique de la maladie a révélé un mécanisme pathologique très original. La création de modèles murins devrait permettre de caractériser l'évolution de la maladie et éventuellement de tester des drogues à visées thérapeutiques.

Un rôle majeur du gène SMN2

L'évolution des génomes au cours du temps s'explique en partie par l'apparition de substitutions nucléotidiques mais aussi par des phénomènes de duplications massives de gènes. Ces processus ont un rôle majeur dans l'évolution des espèces et la tissu-spécificité exprimée par certains gènes. Des duplications sont aussi responsables de pathologies très variées chez l'homme, comme dans l'amyotrophie spinale.

Plusieurs hypothèses existent :

- un des membres de la paire dupliquée dégénère en quelques millions d'années, accumulant des mutations délétères, alors que l'autre gène garde sa fonction d'origine.

- un des gènes dupliqués va acquérir de nouvelles fonctions adaptatives, favorisant la conservation des deux membres de la paire, dont le second aura gardé les anciennes fonctions.

- deux gènes dupliqués perdent différentes sous-fonctions, ils doivent se complémenter en conservant à eux deux la totalité des fonctions présentes dans le gène ancestral, conduisant à une complémentarité entre les deux gènes dupliqués (sub-fonctionnalité).

Dans ce dernier cas, il s'agit souvent de mutations impliquant les éléments de régulation. Les mutations en cause sont issues de plusieurs mécanismes connus : substitution de nucléotide, délétions, inversions, insertion ou crossing-over déséquilibré entre sites de facteurs de transcription.

Beaucoup de gènes ont des régions de régulation complexes et des voies d'expression tissus-spécifiques. De nombreux exemples existent comme par exemple des gènes du développement.

On pourrait imaginer un phénomène similaire pour le gène SMN ; le gène SMN ancestral se serait dupliqué pour donner naissance à SMN1 et SMN2. Ces deux gènes étant quasi identiques, des différences au niveau de leur régulation pourraient expliquer la différence de leur activité.

Cette idée est confortée du fait que le gène SMN2 a sûrement une fonction importante dans la cellule et qui lui est propre : rôle au niveau de la survie (léthalité précoce en cas d'absence de ce gène), rôle au cours de la différenciation cellulaire (comme cela à été démontré pour OSF) et rôle de gène modificateur. En effet, on se rend compte de plus en plus que ce gène SMN2 à d'autres fonctions importantes dans des pathologies autres que les amyotrophies spinales.

Dans le cas des scléroses latérales amyotrophiques (SLA), de formes sporadiques, on observe une fréquence élevée de délétions du gène SMN2 à l'état homozygote (Jackson, 1996; Parboosingh, 1999; Moulard, 1998; Veldink, 2001) et ces délétions semblent corrélées au temps de survie des patients (Moulard, 1998; Veldink, 2001). De telles délétions sont aussi observées dans d'autres pathologies sans que SMN1 soit affecté (Moulard, 1998). De plus, un gène modificateur chez la souris pouvant prévenir le début des symptômes SLA est localisé sur le chromosome 13 dans une région contenant le locus SMN murin (Kunst, 2000).

Les stratégies basées sur l'abolition de l'épissage alternatif de SMN2 ne prennent pas en compte le fait que SMN2 soit un gène à part entière et risquent de supprimer certaines fonctions de ce gène.

Notre stratégie a donc cet avantage de sur-exprimer SMN2 dans sa totalité. Le fait de retrouver la protéine dans différents compartiments cellulaires après traitement n'est donc pas surprenant et ouvre des voies thérapeutiques un peu différentes de celles envisagées au départ.

Ce travail nous a aussi amené à nous poser de nouvelles questions quant à l'analyse de molécules issues de tels criblages : faut-il mesurer uniquement une augmentation du taux de protéine ou prendre aussi en compte la distribution de la protéine à l'intérieur de la cellule ?

En effet, nous avons vu que des molécules telles que les interférons β et γ avaient été décrites pour leur capacité à augmenter le taux de protéine SMN ; Or ces molécules passées au crible de notre analyse, si elles montrent effectivement une augmentation du taux de protéine, ne montrent pas de différences sur la distribution sub-cellulaire de SMN. C'est un piège qu'il faudra peut-être éviter.

Bien que plusieurs fonctions aient été attribuées à la protéine SMN, la fonction déficitaire chez les malades n'est pas encore connue. De même, il reste à définir lequel des pools SMN (cytoplasmique ou nucléaire) est important dans les SMA; Sûrement les deux pools ont une fonction importante pour la cellule ; On sait que qu'il existe une corrélation entre le taux de protéine pleine longueur et le nombre de gems ; Des études ont été menées afin de voir l'importance des différents isoformes SMN, notamment SMNdeltaexon7 et SMN+exon7 (Dodds E, 2001); il en ressort que la présence de l'exon 7 n'est pas essentielle à la formation de gems;

La mise en évidence de différentes isoformes devrait apporter d'autres éclaircissements sur les fonctions de SMN. Une analyse détaillée en immunoblot précédée d'une focalisation isoélectrique devrait permettre la détection et la caractérisation d'isoformes dans les tissus et à l'aide de différents anticorps et de voir leur localisation au cours du développement.

Des expériences menées par D.Kerr montrent que la sur expression de SMN Δ7 stimule l'apoptose dans les neurones alors que SMN pleine longueur au contraire protège les cellules de l'apoptose (Kerr, 2000). Il semble que SMN Δ7 ne soit pas toxique car des souris ayant 8 copies du gène SMN2 sont normales (Monani, 2000).

Des études effectuées dans des ostéoclastes montrent que seuls les transcrits pleine longueur sont présents dans les précurseurs mais que la forme Δ7 apparaît dans les formes matures et y possède sûrement un rôle important (kurihara, 2001).

Néanmoins ces études sont très difficiles d'analyse, et il reste encore beaucoup à découvrir quant au rôle de ces différentes isoformes ;

Quoiqu'il en soit, le rôle des différentes isoformes de SMN est mal connu, mais il apparaît comme probable que ces isoformes ont des rôles différents au sein de la cellule. Nous avons montré dans le muscle l'existence de structures particuliéres dans le muscle au niveau cytoplasmique ; ces observations ont été confirmées par d'autres équipes; Chez le rat, deux isoformes provenant du même cDNA ont des localisations sub-cellulaires différentes et pourraient avoir des rôles différents (La Bella, 2000).

L'action de l'interleukine : un traitement possible de l'amyotrophie spinale ?

L'étude de l'interleukine-6 nous rassure sur la fiabilité et l'importance de la stratégie.

J'ai identifié une molécule capable d'augmenter le taux de protéine SMN ; Cette augmentation est corrélée à l'augmentation du nombre de gems chez les individus contrôles et malades; Par fractionnement biochimique on associe aussi cette augmentation au pool nucléaire. Ces travaux donnent des indications précieuses sur les voies métaboliques où il faudrait tenter de cibler la recherche de nouvelles molécules capables de palier en partie à l'absence du gène SMN1.

De nombreux gènes contiennent des éléments de réponse aux cytokines qui sont des sites pour des facteurs de transcriptions nucléaires comme par exemple IL6RE (IL6 response element).

Les analyses des séquences de gènes et la détection d'éléments de réponse dans leurs promoteurs donne des indices quant aux mécanismes qui les régulent de manière tissu-spécifique et pour l'implication des cytokines dans la régulation de ces gènes. Les cytokines n'exercent pas de réponse biologique directe. Elles stimulent ou inhibent la production de protéines (« DNA binding proteins») spécifiques qui contrôlent l'expression d'autres gènes. La simple interaction d'une cytokine avec un récepteur déclenche une cascade de gènes qui agissent simultanément ou séquentiellement.

D'ailleurs, il a été montré que les interférons (béta et gamma) et l'interleukine-6 utilisent la même voie métabolique pour leur action sur l'expression des gènes (Mitani, 2001) ce qui pourrait expliquer que ces molécules augmentent l'expression de SMN.

L'IL-6 est une cytokine multipotente qui initie la transduction du signal à travers le récepteur membranaire gp130. La famille de cytokines comprenant entre autre CNTF, IL-6, CT-1 et IL-11 utilise la sous unité de transduction du signal gp130 pour la signalisation intracellulaire mais montrent des effets biologiques différents (il en est aussi question pour les interférons). IL-6 requiert l'homodimérisation de ce récepteur alors que d'autres molécules de la même famille telles que CNTF et LIF requièrent l'hétérodimérisation.

Les facteurs de croissance sont théoriquement des agents possibles pour la thérapie des maladies neuromusculaires. Dans les SLA, la molécule LIF (Leukaemia inhibitory factor) à été testée pour ses effets sur la régénération musculaire et a donné de bons résultats (Kurek, 1996).

Le traitement de la souris mutante Wobbler (un modèle souris de maladie du motoneurone) par des molécules telles que LIF atténue le déficit moteur chez ces souris (Kurek, 1998). Ces résultats ont été obtenus également avec le CNTF (Sendtner, 1995).

Les effets de l'interleukine-6 ont donc été étudiés chez la souris mutante Wobbler (Ikeda, 1996). Ces études montrent que la co-administration d'IL-6 et du récepteur soluble de l'IL-6 (sIL-6r) atténue la dégénération neuronale chez le mutant.

Un lien entre systèmes nerveux et immun dans les processus de dégénération neuronale sont fortement évoqués. Des mesures du taux d'IL-6 particulièrement élevé chez des malades atteints d'Alzheimer, de Parkinson (Bloom-Degena, 2001) ou de SLA (Ono,2001) indiquent clairement une relation entre ces deux systèmes.

Des résultats montrent que souvent des maladies neurologiques (MND) et des maladies lymphoprolifératives (LPD) sont associées. En 1998, PH Gordon étudie 26 patients atteints de MND + LPD ayant un traitement conventionnel pour leurs maladies lymphoprolifératives. Il observe un arrêt ou amélioration des signes neurologiques chez deux d'entre eux. Or, ces deux malades avaient été diagnostiqués SMA. Ceci évoque donc un possible rôle pour la voie de l'interleukine-6 dans la pathogénèse des SMA mais il est encore trop tôt pour l'affirmer.

Une autre molécule est à l'étude en ce moment. Il s'agit de la cardiotrophine-1 (CT-1). CT-1 est une cytokine membre de la famille de l'IL-6 et a à peu près les mêmes activités biologiques (Pennica, 1995 ; Horton, 1998). En particulier, CT-1 est un facteur trophique pour les motoneurones en culture (Pennica, 1995). De plus CT-1 est un facteur trophique à l'état naturel pour les motoneurones en développement , période à laquelle il est présent en grandes quantités (Sheng, 1996).

Les effets de CT-1 ont été étudiés chez le mutant de maladies neurodégénératives, la souris *pmn.* L'injection de CT-1 chez le nouveau-né pmn par transfert adénoviral intramusculaire montre une amélioration des paramètres fonctionnels et histologiques (Bordet, 1999).

Chez la souris FALS, le modèle murin des SLA (sclérose latérale amyotrophique) la même expérience a été effectuée et montre une amélioration de l'état des souris (Bordet, 2001).

La génération de modèles animaux reproduisant les mêmes symptômes que chez les patients SMA représente donc un espoir pour tester ces molécules.

L'action de l'acide rétinoïque sur SMN

Il a été montré que l'acide rétinoïque inhibe l'expression de certains gènes en ayant une action antagoniste sur des facteurs de transcription tel que AP1 ou NF-IL6 (Napgal, 1998; DiSepio, 1997; Schwarz, 1997). Cette activité de répresseur de l'acide rétinoïque à été décrite entre autre pour des gènes tels que TGFβ-1, IL-6, fibronectine, β-integrine, TNF-α, IL-2 et EGF-R. EGF-R est un récepteur où se lie ZPR1, et sous l'action de EGF libère ZPR1 qui pourra se lier au complexe SMN et ainsi l'importer dans le noyau (Gangwani, 2001). La protéine ZPR1 à été identifiée en tant que protéine cytoplasmique (zinc finger) redistribuée dans le noyau. Les fonctions de ZPR1 sont inconnues. On peut donc imaginer que sous l'action de l'acide rétinoïque, EGF-R retienne ZPR1 causant ainsi l'accumulation de SMN dans le cytoplasme

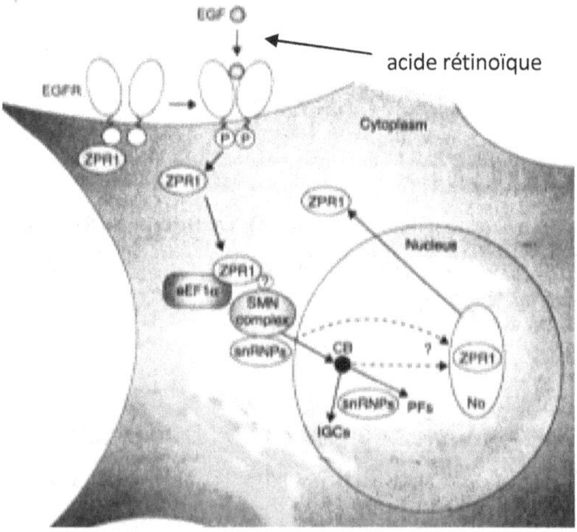

Il est intéressant de noter que l'acide rétinoïque diminue la quantité de gems. Peut être cette molécule exerce une activité de répresseur sur la protéine SMN, tout du moins sur le pool nucléaire. D'ailleurs, il a été montré que les acides rétinoïques ont la capacité d'inhiber la production d'IL-6 dans de nombreux tissus (Ahmed, 2000).

Une action possible de l'acide rétinoïque est un rôle sur l'épissage alternatif de SMN ; Des expériences de transfections utilisant des constructions variées de SMN montrent que la forme SMNΔ5-7 produit très peu de gems et augmente le taux de protéine dans le cytoplasme (Le, 1999) tout comme le fait l'acide rétinoïque.

Criblage à haut débit de drogues pouvant augmenter l'expression de SMN2

La recherche de drogues capables de sur-exprimer le gène SMN2 ne peut pas se limiter à la seule échelle du laboratoire. Pour augmenter les chances de trouver de telles molécules, il faut mettre au point des techniques de criblages à haut débit. Ces tests peuvent ensuite être transférés pour être testés à l'échelle industrielle, pour par exemple tester des chimiothèques contenant plusieurs centaines ou milliers de molécules. Par exemple, nous avons vu que la société Aurora Biosciences a développé deux tests basés sur l'expression de la β-lactamase couplé au promoteur SMN2 ; Cela a permis un criblage de 500 000 composés dont pour l'instant neuf d'entre eux donnent un résultat positif ; il reste à établir si ces composés ont vraiment un effet positif sur l'expression de SMN2 par un criblage secondaire ; en effet le fait d'avoir des molécules donnant des résultats positifs (« Hits ») ne signifie pas nécessairement qu'elles soient réellement actives chez le malade du fait de biais provenant du test lui-même (faux positifs).

Nous avons établi une collaboration avec l'équipe de Nathalie Gendron dirigée par Alex MacKenzie (Ottawa, Canada).

Cette équipe à mis au point un test de RT-PCR spécifique de l'expression de SMN2 utilisant le kit EZ RT-PCR et le système de détection de séquence ABI PRISM 7700. Ce test a été utilisé pour le criblage primaire d'ARN issus de neuroblastomes humains traités par plusieurs banques de drogues. La première consistaient en une banque de 640 composés (RBI lopac) et les deux autres de 4000 composés chacun (MDD/Ortech, Tal/Apo) obtenus de la société Aegera Oncology Inc. Plusieurs « hits » ont été obtenus. Un crible secondaire sur des neuroblastomes est en cours.

Pour tester la validité de ces composés un criblage est effectué sur des cultures primaires de cellules provenant de modèles murins de la SMA. Pour ma part, j'ai testé certaines de ces molécules sur les fibroblastes humains dont nous disposions par les méthodes mises au point pour tester les drogues issues de l'étude du promoteur.

Des expériences sont menées afin d'identifier des molécules capables d'augmenter la quantité de SMN pleine longueur en agissant sur l'épissage de l'exon 7 ou capable d'augmenter l'expression du gène SMN2. La technique de criblage à haut débit est une technologie très automatisée et très sensible qui permet de cribler des centaines de milliers de molécules très rapidement. Le résultat de ces tests est un ensemble de molécules potentiellement intéressantes.

Une fois ces molécules identifiées, suit l'optimisation, c'est-à-dire que des chimistes modifient les molécules afin de les rendre plus efficaces. La génération de modèles animaux permet de tester les molécules afin de voir si elles ont un effet pour ralentir ou prévenir la maladie. Avant de procéder aux tests chez l'homme, de nombreux tests sont réalisés pour caractériser le métabolisme de ces molécules, leurs propriétés physiques et chimiques et confirmer que la molécule n'a pas de toxicité significative chez l'animal.

Ensuite, des tests cliniques peuvent commencer :

Les tests de phase I : ils sont conçus pour vérifier que la molécule n'est pas toxique ; seul, un petit nombre de personnes est soumis à ces tests et les doses augmentent graduellement.

Les tests de phase II : si la tolérance de la molécule est prouvée en phase I, Les tests de phase II peuvent commencer. Ils continuent les études de sécurité et commencent l'évaluation de l'efficacité de la molécule chez les patients.

Les tests de phase III : si des signes d'efficacité sont démontrés et qu'il n'y a pas d'effets secondaires graves, ces tests sont conduits chez un nombre plus important de patients.

Bien sûr, des tests issus des différents criblages n'ont pas encore été effectués car les molécules ne sont pas encore disponibles; néanmoins des tests cliniques ont été initiés pour des molécules connues comme le gabapentin, le riluzole et la créatine. Les résultats de ces études ne sont pas encore publiés.

Le criblage à haut débit ou High Throughput Screening (HTS) permettra donc de sélectionner plus rapidement une grande quantitéde molécules candidates. Une fois les molécules identifiées, un criblage secondaire doit alors être effectué au laboratoire.

Nous avons donc mis au point une méthode fiable pour mesurer un effet sur l'expression de SMN. En effet, cette méthode permet l'analyse quantitative de l'effet d'une drogue : on mesure l'augmentation du taux de protéine par Western blot ; elle permet aussi l'estimation de l'effet d'une drogue in situ par immunofluorescence. Cette méthode peut être appliquée pour la recherche de drogues candidates mais aussi dans le cas d'un criblage secondaire à un criblage à haut débit. L'anticorps anti-SMN est hautement spécifique, on peut donc facilement transférer cette technique pour une analyse en Dot-blot.

STRATEGIE

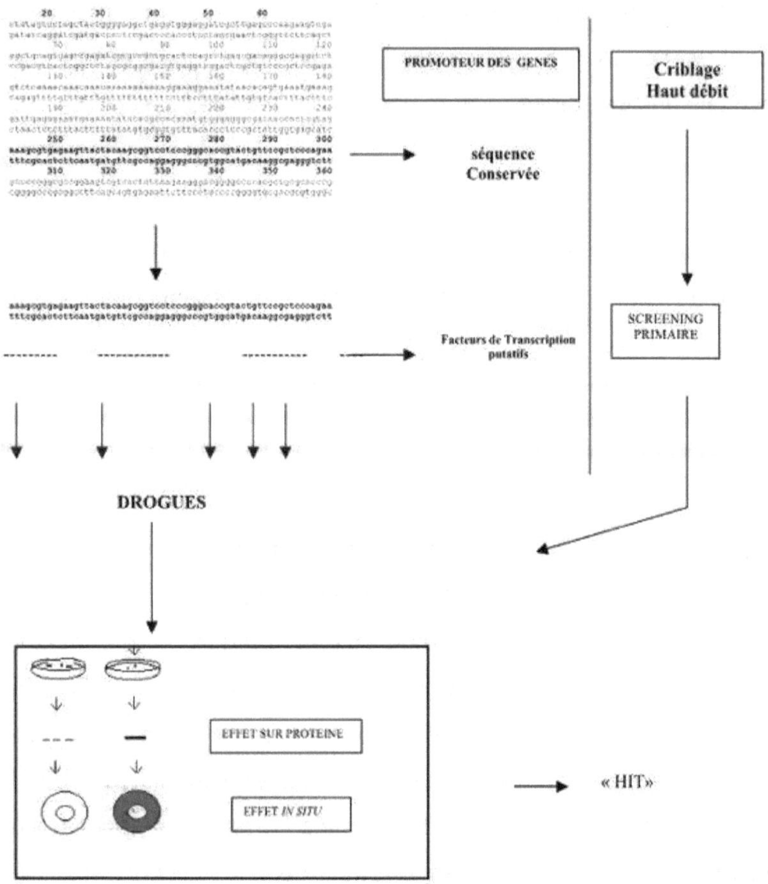
PROMOTEUR DES GENES
Criblage
Haut débit
séquence
Conservée
Facteurs de Transcription
putatifs
SCREENING
PRIMAIRE
DROGUES
EFFET SUR PROTEINE
EFFET IN SITU
« HIT»

En conclusion, cette étude a mis en valeur l'importance du gène SMN2 et son rôle dans la modulation du phénotype SMA ; Elle montre que les fonctions du gène SMN1, absentes chez les patients SMA peuvent être rétablies par l'augmentation de l'expression de la copie SMN2. Elle met en évidence le rôle de la protéine SMN au cours du développement et une expression spatio-temporelle du gène SMN1 différente de SMN2.

Cette première étape à permis de confirmer le rôle important du gène SMN2 pour le phénotype SMA, et présente un intérêt majeur pour les stratégies thérapeutiques qui ont pour but d'induire le gène SMN2 et aboutir le plus rapidement à un traitement.

La protéine SMN fait partie d'un complexe multiprotéique impliqué dans différents aspects du métabolisme de l'ARN. Nous avons mis en évidence l'expression ubiquitaire de la protéine SMN humaine, son rôle dans la survie, le fait que cette protéine participe à différentes fonctions dans la cellule et pourrait ne pas se limiter au seul métabolisme de l'ARN.

Il serait intéressant de caractériser les complexes nucléoprotéiques associés au complexe SMN dans les cellules traitées par les deux drogues dont j'ai entrepris la caractérisation au cours de ma thèse. Cela pourrait nous éclairer sur la fonction de la protéine SMN et éventuellement fournir des pistes pour relier la fonction de la protéine SMN avec la physiopathologie de l'amyotrophie spinale.

L'utilisation d'un modèle cellulaire pour comprendre la fonction de SMN associée à l'induction du niveau de protéine corrélée à une augmentation du nombre de gems est une approche complémentaire dans une stratégie qui consisterait à induire le gène SMN2 dans un but thérapeutique.

La production de modèles murins à réussit à reproduire une configuration génétique proche de celle observée chez l'homme (Hsieh-Li, 2000 ; Monani ;2000). Ces modèles seront de précieux outils pour tester les molécules issues des différents criblages.

IV

REFERENCES BIBLIOGRAPHIQUES

Abdelhak S.,Melki j, Bachelot M.F., Burlet P.et al.
A PstI polymorphism at the D5S39 locus.
Nucleic Acid Research 18 : 5580(1990)

Ahmed N, Sammons J, Khokler Ma, Hassan HAT.
Retinoic acid supresses IL-6 production in normal human osteoclasts
Cytokine mar;12(3):289-93 (2000)

Al Rajeh S, Majumdar R, Awada A, Adeyokunnu A, Al Jumah M, Al Bunyan M, Snellen A.
Molecular analysis of the SMN and NAIP genes in Saudi spinal muscular atrophy patients.
J Neurol Sci. Jun 11;158(1):43-6. (1998)

Andreassi C, Patrizi AL, Brahe C, Eboli ML.
Excitatory amino acid stimulation of the survival of rat cerebellar granule cells in culture is associated with an increase in SMN, the spinal muscular atrophy disease gene product.
Amino Acids.;18(3):299-304. (2000)

Andreassi C, Jarecki J, Zhou J, Coovert DD, Monani UR, Chen X, Whitney M, Pollok B, Zhang M, Androphy E, Burghes AH.
Aclarubicin treatment restores SMN levels to cells derived from type I spinal muscular atrophy patients.
Hum Mol Genet. Nov 15;10(24):2841-9. (2001)

Baron-Delage S, Abadie A, Echaniz-Laguna A, Melki J, Beretta L.
Interferons and IRF-1 induce expression of the survival motor neuron (SMN) genes.
Mol Med. Nov;6(11):957-68. (2000)

Bartholdi D, Gonzalez H, Borg K, Melki J.
Absence of SMN gene deletion in post-polio syndrome.
Neuromuscul Disord. Feb;10(2):99. (2000)

Battaglia G, Princivalle A, Forti F, Lizier C,Zeviani M.
Expression of the SMN gene, the spinal muscular atrophy determining gene, in the mammalian central nervous system.
Hum Mol Genet. Oct;6(11):1961-71. (1997)

Béchade C, Rostaing P, Cesterni C, Kalisch R, La Bella V, Pettmann B and Triller A.
Subcellular distribution of survival motor neuron (SMN) protein: possible involvment in nucleocytoplasmic and dendritic transport.
Europ J Neuro 11: 293-304. (1999)

Bertrandy S, Lefebvre S, Burlet P, et al.
Approche moleculaire d´une degenerescence du motoneurone spinal : Les maladies de Werdnig-Hoffmann et de Kugelberg- Welander.
Annales de l´Institut Pasteur. 7:187-192 (1996.)

Bertrandy S, Burlet P, Clermont O, Huber C, Fondrat C, Thierry-Mieg D, Munnich A, Lefebvre S.
The RNA-binding properties of SMN: deletion analysis of the zebrafish orthologue defines domains conserved in evolution.
Hum Mol Genet. May;8(5):775-82. (1999)

Biros I I, Forshaw K, Sheffield LJ, Kornberg AJ, Forrest S.
Spinal Muscular Atrophies: An Ongoing Diagnostic Dilemma?
Mol Diagn. Dec;2(4):241-249. (1997)

Biros i, Forest S
SMA : untangling the knot? .
J Med Genet 36: 1-8 (1999)

Brahe C, Servidei S, Zappata S, Ricci E, Tonalli P and Neri G.
Genetic homogeneity between childhood-onset autosomal recessive spinal muscular atrophy.
Lancet 346: 741-742. (1995)

Brahe C, Clermont O, Zappata S, Tiziano F, Melki J and Neri G.
Frameshift mutation in the survival motor neuron gene in a severe case of SMA type I.
Hum Mol Genet 5: 1971-1976. (1996)

Brahe C.
copies of the SMN gene in SMA : the more, the better.
neuromuscular disorders 10: 274-275 (2000)

Brzustowicz LM, Lehner T, Castilla LH, Penchaszadeh GK, Welhelmsen KC, Daniels RJ, Davies KE, Leppert M, Ziter F, Wood D, Dubowitz V, Zerres K, Hausmanova-Petrusewics I, Ott J, Munsat TL and Gilliam TC
Genetic mapping of chronic childhood-onset spinal muscular atrophy to chromosome 5q11.2-q13.3.
Nature 344: 540-541. (1990)

Brzustowicz LM, Allito BA, Matseoane D, Theve R, Michaud L, Chatkup S, Sugarman E, Penchaszadeh GK, Suslak L, Koenigsberger MR, Gilliam TC and Handelin BL.
Paternal unidisomy for chromosome 5 in a child with spinal muscular atrophy.
Am J Hum Genet 54:482-488. (1994)

Buhler D, Raker V, Luhrmann R, Fischer U.
Essential role for the tudor domain of SMN in spliceosomal U snRNP assembly: implications for spinal muscular atrophy.
Hum Mol Genet. Dec;8(13):2351-7. (1999)

Bürglen L, Amiel J, Viollet L, Lefebvre S, Burlet P, Clermont O, Raclin V, Landrieu P, Verloes A, Munnich A, Melki J.
SMN gene deletion in the arthrogryposis multiplex congenita-spinal muscular atrophy association.
Journal of clinical investigation. 1996. 98:1130-1132.(1995-a)

Bürglen L, Spiegel R, Ignatius J, Cobben JM, Landrieu P, Munnich A and Melki J.
SMN deletion in variant of spinal muscular atrophy.
Lancet 346: 316-317. (1995-b)

Bürglen L, Lefebvre S, Clermont O, Burlet P, Viollet L, Cruaud C, Munnich A and Melki J.
Structure and Organization of the Human Survival Motor Neuron (SMN) gene.
Genomics 32: 479-482. (1996)

Bürglen L, Seroz T., Miniou P., Lefebvre S, Burlet P, Munnich A, Viegas-Pequignot E., Egly JM., Melki J .
The gene encoding P44, a subunit of the transcription factor TFIIH is involved in large scale deletions associated with Werdnig-Hoffmann disease.
American Journal of Human Genetics.. 60:72-79 (1997)

Burghes AHM
When is a deletion not a deletion ? When it is converted.
Am J Hum Genet 61: 9-15. (1997)

Burlet P, Abdelhak S, Pascal F, Clermont O, Paul B, Munnich A, Melki J.
Trinucleotide repeat polymorphism at the D5S556 locus .
Human Molecular genetics. 2:1328 (1993)

Burlet P, Bürglen L, Clermont O, Lefebvre S, Viollet L, Munnich A, Melki J
Large scale deletions of the 5q13 region are specific to Werdnig-Hoffmann disease.
Journal of Medical Genetics .. 33:281-283 (1996)

Burlet P, Huber C, Bertrandy S, Ludosky MA, Zwaenepoel I, Clermont O, Roume J, Delezoide AL, Cartaud J, Munnich A and Lefebvre S.
The distribution of SMN protein complex in human fetal tissues and its alteration in spinal muscular atrophy.
Hum Mol Genet 7: 1927-1933. (1998)

Bussaglia E, Clermont O, Tizzano E, Lefebvre S, Bürglen L, Cruaud C, Urtizberea JA, Colomer J, Munnich A and Baiget M
A frameshift deletion in the survival motor neuron gene in Spanish spinal muscular atrophy patients.
Nat Genet 11: 335-337. (1995)

Broccolini A, Engel WK and Askanas V.
Localization of survival motor neuron protein in human apoptotic-like and regenerating muscle fibers, and neuromuscular junctions.
Neuroreport 10: 1637-1641. (1999)

Campbell L, Potter A, Ignatius J, Dubowitz V, Davies K.
Genomic variation and gene conversion in spinal muscular atrophy: implications for disease process and clinical phenotype.
Am J Hum Genet. Jul;61(1):40-50. (1997)

Campbell L, Daniels RJ, Dubowitz V and Davies KE.
Maternal mosaicism for a second event in a type I spinal muscular atrophy.
Am J Hum Genet 63: 37-44. (1998)

Campbell L, Hunter KMD Mohaghegh P, Tinsley JM, Brasch MA and Davies K.
Direct interaction of Smn with dp103, a putative RNA helicase: a role for Smn in transcription regulation ?
Hum Mol Genet 9: 1093-1100. (2000)

Capon F, LoCicero S, Levato C, Novelli G and Dallapiccola B.
De novo deletions of the 5q13 region and prenatal diagnosis of spinal muscular atrophy;
Prenat Diagn 15:93-94. (1995)

Cartegni L, Krainer AR.
Disruption of an SF2/ASF-dependent exonic splicing enhancer in SMN2 causes spinal muscular atrophy in the absence of SMN1.
Nat Genet. 2002 Apr;30(4):377-84.

Carter TA, Bönnemann CG, Wang CH, Obici S, Parano E, de Fatima Bonaldo M, Ross BM, Penchaszadeh GK, Mackenzie A, Soares MB, Kunkel LM and Gilliam TC.
A multicopy transcription-repair gene, BTF2p44 maps to the SMA region and demonstrates SMA associated deletions.
Hum Mol Genet 6: 229-236. (1997)

Carvalho T, Almeida F, Calapez A, Lafarga M, Berciano MT, Carmo-Fonseca M.
The spinal muscular atrophy disease gene product, SMN: A link between snRNP biogenesis and the Cajal (coiled) body.
J Cell Biol.Nov 15;147(4):715-28. (1999)

Chang JG, Jong YJ, Huang JM, Wang WS, Yang TY, Chang CP Chen YJ and Lin SP.
Molecular analysis of spinal muscular atrophy in Chinese.
Am J Hum Genet 57: 1503-1505. (1995)

Chang JG, Hsieh-Li HM, Jong YJ, Wang NM, Tsai CH, Li H.
Treatment of spinal muscular atrophy by sodium butyrate.
Proc Natl Acad Sci U S A. Aug 14;98(17):9808-13. (2001)

Charroux B, Pellizzoni L, Perkinson RA, Shevchenko A, Mann M, Dreyfuss G.
Gemin3: A novel DEAD box protein that interacts with SMN, the spinal muscular atrophy gene product, and is a component of gems.
J Cell Biol. Dec 13;147(6):1181-94.(1999)

Charroux B, Pellizzoni L, Perkinson RA, Yong J, Shevchenko A, Mann M, Dreyfuss G
Gemin4. A novel component of the SMN complex that is found in both gems and nucleoli.
J Cell Biol. Mar 20;148(6):1177-86. (2000)

Chen KL, Wang YL, Rennert H, Joshi I, Mills JK, Leonard DG, Wilson RB.
Duplications and de novo deletions of the SMNt gene demonstrated by fluorescence-based carrier testing for spinal muscular atrophy.
Am J Med Genet. Aug 27;85(5):463-9. (1999)

Cisterni C, Kallenbach S, Jordier F, Bagnis C, Pettmann B.
Death of motoneurons induced by trophic deprivation or by excitotoxicity is not prevented by overexpression of SMN.
Neurobiol Dis. Apr;8(2):240-51. (2001)

Clermont O, Burlet P, Bürglen L, Lefebvre S, Pascal F, McPherson J, Wasmuth JJ, Cohen D, Le Paslier D, Weissenbach J, Lathrop M, Munnich J and Melki J.
Use of genetic and physical mapping to locate the spinal muscular atrophy locus between two new highly polymorphic DNA markers.
Am J Hum Genet 54: 687-694. (1994)

Clermont O, Bürglen L, Burlet P, Lefebvre S, et al.
Genetic analysis of unusual pedigrees using SMN, NAIP genes and markers C212 and C272.
Am. J. Hum. Genet. 57 :1370. (1995-a)

Clermont O, Burlet P, Lefebvre S, Bürglen L, Munnich A, Melki J.
SMN gene deletion in adult-onset spinal muscular atrophy .
The Lancet: 346:1712 (1995-b)

Clermont O, Burlet P, Cruaud C, Bertrandy S, Melki J, Munnich A and Lefebvre S.
Mutation analysis of the SMN gene in undeleted SMA patients. Annual meeting of the American Society of Human Genetics.
Am J Hum Genet 61: A329. (1997)

Cobben JM, Van der Steege G, Grootscholten PM, de Visser M, Scheffer H and Buys C.
Deletions of the survival motor neuron gene in unaffected siblings of patients with spinal muscular atrophy.
Am J Hum Genet 57: 805-808. (1995)

Cobben JM, Scheffer H, De Visser M, Van der Steege G, Verhey JB, Osinga J, Burton M, Mensink RG, Grootscholten PM, Ten Kate LP, Buys CH.
Prenatal prediction of spinal muscular atrophy. Experience with linkage studies and consequences of present SMN deletion analysis.
Eur J Hum Genet.;4(4):231-6.(1996)

Coovert DD, Le TT, McAndrew PE, Strasswimmer J, Crawford TO, Mendell JR, Coulson SE, Androphy EJ, Prior TW and Burghes AHM.
The survival motor neuron protein in spinal muscular atrophy.
Hum Mol Genet 6: 1205-1214. (1997)

Crawford T and Pardo C.
The neurobiology of childhood SMA
Neurobiology of disease 3: 97-110(1996)

Daniels RJ, Thomas NH, et al
Linkage analysis of spinal muscular atrophy.
Genomics 12, 335-339 (1992)

De la Cruz J, Kressler D and Linder P.
Unwinding RNA in Saccharomyces
cerevisiae: DEAD box proteins and related families.
TIBS 24: 192-198. (1999)

De Lange C.
Über die identität der angeborenen spinalen lähmungen (Typus Werdnig-Hoffmann) und die amyotonia congenita (Oppenheim).
Acta. Paediat. 20: 51. (1937)

DiDonato CJ, Morgan K, Carpten JD, Fuerst P, Ingraham SE, Prescott G, McPherson JD, Wirth B, Zerres K, Hurko O, Wasmuth J, Mendel JR, Burghes AHM and Simard L.
Association between Ag1-CA alleles and severity of autosomal recessive proximal spinal muscular atrophy.
Am J Hum Genet 55: 1218-1229. (1994)

DiDonato CJ, Ingraham SE, Mendell JR, Prior TW, Lenard S, Moxley RT, Florence J and Burghes AH.
Deletion and conversion in spinal muscular atrophy patients: is there a relationship to severity ?
Annls Neuros 41: 230-237. (1997-a)

DiDonato CJ, Chen XN, Noya D, Korenberg JR, Nadeau JH and Simard LR.
Colning, characterization and copy number of the murine survival motor neuron gene: homolog of the spinal muscular atrophy-determining gene.
Genome Research **7**: 339-352. (1997-b)

DiDonato CJ, Brun T, Simard LR.
Complete nucleotide sequence, genomic organization, and promoter analysis of the murine survival motor neuron gene (Smn).
Mamm Genome. Jun;10(6):638-41.(1999)

DiDonato CJ, Lorson CL, De Repentigny Y, Simard L, Chartrand C, Androphy EJ, Kothary R.
Regulation of murine survival motor neuron (Smn) protein levels by modifying Smn exon 7 splicing.
Hum Mol Genet. Nov 1;10(23):2727-36. (2001)

Diep Tran T, Kroepfl T, Saito M, Nagura M, Ichiseki H, Kubota M, Toda T, Sakakihara Y.
The gene copy ratios of SMN1/SMN2 in Japanese carriers with type I spinal muscular atrophy.
Brain Dev. Aug;23(5):321-6. (2001)

Dietz H.
Polishing the cutting edge of gems.
Nature genetics. 20: 321-322 (1998)

Dodds E, Dunckley MG, Roberts RG, Muntoni F, Shaw CE.
Over expressed human SMN isoforms both form intranuclear gems
FEBS letters apr 20; 495(1-2):31-8 (2001)

Dreesen JC, Bras M, de Die-Smulders C, Dumoulin JC, Cobben JM, Evers JL, Smeets HJ, Geraedts JP.
Preimplantation genetic diagnosis of spinal muscular atrophy.
Mol Hum Reprod. Sep;4(9):881-5.(1998)

Dreyfuss G, Matunis MJ, Pinol-Roma S and Burd CG.
HnRNP proteins and the biogenesis of mRNA.
Annu Rev Biochem 62: 289-321. (1993)

Dubowitz V.
Very severe spinal muscular atrophy (SMA type 0): an expanding clinical phenotype.
Europ J Paediatr Neurol.;3(2):49-51. (1999)

Durston AJ, van der Wees J, Pijnappel WW, Godsave SF.
Retinoids and related signals in early development of the vertebrate central nervous system.
Curr Top Dev Biol. 1998;40:111-75.

Echaniz-Laguna A, Miniou P, Bartholdi D and Melki J.
The promoters of the Survival Motor Neuron gene (SMN) and its centromeric copy (SMNc) share common regulatory elements.
Am J Hum Genet 64: 1365-1370. (1999)

Emery AEH.
The nosology of spinal muscular atrophies.
J. Med. Genet. 8: 481-95. (1971)

Engel WK.
Selective and non selective susceptibility of muscle fibre types.
Arch. Neurol. 22: 97-117. (1970)

Erdem H, Pehlivan S, Topaloglu H and Özgüç M.
Deletion analysis in turkish patients with spinal muscular atrophy.
Brain & Dev 21: 86-89. (1999)

Fallon L, Harton GL, Sisson ME, Rodriguez E, Field LK, Fugger EF, Geltinger M, Sun Y, Dorfmann A, Schoener C, Bick D, Schulman J, Levinson G and Black SH.
Preimplantation genetic diagnosis for spinal muscular atrophy type I.
Neurology 53: 1087-1090.(1999)

Feldkotter M, schwarzer V, Wirth R, Wienker TF, Wirth B.
Quantitative analyses of SMN1 and SMN 2 based on real time lightcycler PCR.
am J Hum Genet feb.70(2)358-68. (2002)

Fischer U, Liu Q, Dreyfuss G.
The SMN-SIP1 complex has an essential role in spliceosomal snRNP biogenesis.
Cell. Sep 19;90(6):1023-9.(1997)

Francis MJ, Morrisson KE, Campbell L, Grewal PK, Christodoulou Z, Daniels RJ, Monaco AP, McPherson J, Wasmuth JJ and Davies K. A
contig of non-chimaeric YACs containing the spinal muscular atrophy gene in 5q13. Hum Mol
Genet 2: 1161-1167. (1993)

Francis JW, Sandrock AW, Bhide PG, Vonsattel JP and Brown RH.
Heterogeneity of subcellular localization and electrophoretic mobility of survival motor neuron (SMN) protein in mammalian neural cells and tissues.
Proc Natl Acad Sci 95: 6492-6497. (1998)

Fried K and Mundel G.
High incidence of spinal muscular atrophy type I (Werdnig-Hoffman disease) in the Karaite community in Israel.
Clin Genet 12:250-251. (1977)

Friesen WJ, Dreyfuss G.
Specific sequences of the Sm and Sm-like (Lsm) proteins mediate their interaction with the spinal muscular atrophy disease gene product (SMN).
J Biol Chem. Aug 25;275(34):26370-5. (2000)

Friesen WJ, Paushkin S, Wyce A, Massenet S, Pesiridis GS, Van Duyne G,Rappsilber J, Mann M, Dreyfuss G.
The Methylosome, a 20S Complex Containing JBP1 and plCln, Produces Dimethylarginine-Modified Sm Proteins.
Mol Cell Biol. Dec;21(24):8289-300. (2001)

Frugier T, Tiziano FD, Cifuentes-Diaz C, Miniou P, Roblot N, Dierich D, Le Meur M and Melki J.
Nuclear targeting defect of SMN lacking the C-terminus in a mouse model of spinal muscular atrophy.
Hum Mol Genet 9: 849-856 (2000)

Gangwani L, Mikrut M, Theroux S, Sharma M, Davis RJ.
Spinal muscular atrophy disrupts the interaction of ZPR1 with the SMN protein.
Nat Cell Biol. 2001 Apr;3(4):376-83.

Gavrilov DK, Shi X, Das K, Gilliam TC, Wang CH.
Differential SMN2 expression associated with SMA severity.
Nat Genet. Nov;20(3):230-1. (1998)

Gennarelli M, Lucarelli M, Capon F, Pizzuti A, Merlini L, Angelini C, Novelli G, Dallapiccola B.
Survival motor neuron gene transcript analysis in muscles from spinal muscular atrophy patients. Biochem Biophys Res Commun 213: 342-348. (1995)

Gerard B, Ginet N, Matthijs G, Evrard P, Baumann C, Da Silva F, Gerard-Blanluet M, Mayer M, Grandchamp B, Elion J.
Genotype determination at the survival motor neuron locus in a normal population and SMA carriers using competitive PCR and primer extension.
Hum Mutat. Sep;16(3):253-63. (2000)

Germain-Desprez D, Brun T, Rochette C, Semionov A, Rouget R, Simard LR.
The SMN genes are subject to transcriptional regulation during cellular differentiation.
Gene. Nov 28;279(2):109-17. (2001)

Gilliam TC, Brzustowicz LM, Castilla LH, Lehner T, Penchaszadeh GK, Daniels RJ, Byth BC, Knowles J, Hislop JE, Shapira Y, Dubowitz V, Munsat TL, Ott J and Davies KE
Genetic homogeneity between acute and chronic forms of spinal muscular atrophy.
Nature 345: 823-825. (1990)

Giesemann T, Rathke-Hartlieb S, Rothkegel M, Bartsch JW, Buchmeier S, Jockusch BM, Jockusch H.
A role for polyproline motifs in the spinal muscular atrophy protein SMN. Profilins bind to and colocalize with smn in nuclear gems.
J Biol Chem. Dec 31;274(53):37908-14. (1999)

Gordon PH.
Lymphoproliferative disorders and motor neuron disease : an update
Neurology 1997; 48:1671-1678

Grohmann K, Schuelke M, Diers A, Hoffmann K, Lucke B, Adams C, Bertini E, Leonhardt-Horti H, Muntoni F, Ouvrier R, Pfeufer A, Rossi R, Van Maldergem L, Wilmshurst JM, Wienker TF, Sendtner M,Rudnik-Schoneborn S, Zerres K, Hubner C.
Mutations in the gene encoding immunoglobulin &mgr;-binding protein 2 cause spinal muscular atrophy with respiratory distress type 1.
Nat Genet. Sep;29(1):75-7.(2001)

Gubitz AK, Mourelatos Z, Abel L, Rappsilber J, Mann M, Dreyfuss G.
Gemin5: A novel WD repeat protein component of the SMN complex that binds Sm proteins.
J Biol Chem. Nov 19 (2001)

Hahnen E, Forkert R, Marke C, Rudnik-Schoneborn S, Schonling J, Zerres K and Wirth B
Molecular analysis of candidate genes on chromosome 5q13 in autosomal recessive spinal muscular atrophy: evidence of homozygous deletions of the SMN gene in unaffected individuals.
Hum Mol Genet 4: 1927-1933. (1995)

Hahnen E, Schönling J, Rudnik-Schöneborn S, Raschke H, Zerres K and Wirth B.
Missense mutations in exon 6 of the survival motor neuron gene in patients with spinal muscular atrophy (SMA).
Hum Mol Genet 6: 821-825. (1997)

Haider MZ, Moosa A, Dalal H, Habib Y, Reynold L.
Gene deletion patterns in spinal muscular atrophy patients with different clinical phenotypes.
J Biomed Sci. Mar-Apr;8(2):191-6. (2001)

Hanash A, Leguern E, Birouk N, Clermont O, Pouget J, Bouche P, Munnich A, Brice A, Melki J.
SMN gene analysis of the spinal form of Charcot-Marie-Tooth disease.
J Med Genet. 1997 Jun;34(6):507-8. (1995)

Hausmanowa-Petrusewicz I, Askanas W.
Infantile and juvenile muscular atrophy.
J Neurol Sci 6: 269-287. (1968)

Hausmanowa-Petrusewicz I, Zaremba J and Borkowska J.
Chronic proximal spinal muscular atrophy of childhood and adolescence: problems of classification and genetic counselling.
J Med Gen 22: 350-353. (1985)

Hebert MD, Matera AG.
Self-association of coilin reveals a common theme in nuclear body localization.
Mol Biol Cell. Dec;11(12):4159-71. (2000)

Hebert MD, Szymczyk PW, Shpargel KB, Matera AG.
Coilin forms the bridge between Cajal bodies and SMN, the Spinal Muscular Atrophy protein.
Genes Dev.Oct 15;15(20):2720-2729. (2001)

Helmken C, Wetter A, Rudnik-Schoneborn S, Liehr T, Zerres K, Wirth B.
An essential SMN interacting protein (SIP1) is not involved in the phenotypic variability of spinal muscular atrophy (SMA).
Eur J Hum Genet. Jul;8(7):493-9. (2000)

Hoffmann J.
Ueber chronische spinale muskelatrophie im Kindesalter auf familiarer basis.
Deutsche Zeitshrift für Nervenheilkunde 3: 427-470. (1893)

Hsieh-Li HM, Chang JG, Jong YJ, Wu MH, Wang NM, Tsai CH and Li H.
A mouse model for spinal muscular atrophy.
Nat Genet 24: 66-70. (2000)

Humbert S, Van Vuren H, Lutz Y, Hoeijmakers JH, Egly JM and Moncollin V.
P44 and p34 subunits of the BTF2/TFIIH transcription factor have homologies with SSL1,
a yeast protein involved in DNA repair. EMBO J 13: 2393-2398. (1994)

Jablonka S, Rossoll W, Schrank B, Sendtner M.
The role of SMN in spinal muscular atrophy.
J Neurol. Mar;247 Suppl 1:I37-42. (2000-a)

Jablonka S, Schrank B, Kralewski M, Rossoll W and Sendtner M.
Reduced survival motor neuron (Smn) gene dose in mice leads to motor neuron degeneration: an animal model for spinal muscular atrophy type III.
Hum Mol Genet 9: 341-346. (2000-b)

Jablonka S, Bandilla M, Wiese S, Buhler D, Wirth B, Sendtner M, Fischer U.
Co-regulation of survival of motor neuron (SMN) protein and its interactor SIP1 during development and in spinal muscular atrophy.
Hum Mol Genet. Mar 1;10(5):497-505. (2001)

Jacob A, Budhiraja S and Reichel RR.
Differential induction of HNF-3 transcription factors during neuronal differentiation.
Exp Cell Res 234: 277-284. (1997)

Jones KW, Gorzynski K, Hales CM, Fischer U, Badbanchi F, Terns RM, Terns MP.
Direct interaction of the spinal muscular atrophy disease protein SMN with the small nucleolar RNA-associated protein fibrillarin.
J Biol Chem. Aug 16 (2001)

Jordanova A, Stoyanova V, Uzunova M, Litvinenko I, Kremensky I.
Deletion analysis of Bulgarian SMA families.
Hum Mutat.12(1):33-8. (1998)

Kleyn PW, Wang CH, Lien LL, Vitale E, Pan J, Ross BM, Grunn A, Palmer DA, Warburton D, Brzustowicz LM, Kunkel LM and Gilliam TC.
Construction of a yeast artificial chromosome contig spanning the SMA disease gene region.
Proc Natl Acad Sci USA 90: 6801-6805. (1993)

Kobayashi H, Baumbach L, Matise TC, Schiavi A, Greenberg F and Hoffman EP
A gene for a severe form of X-linked arthrogyposis (X-linked infantile spinal muscular atrophy) maps to human chromosome Xq11.3-q11.2.
Hum Mol Genet 4: 1213-1216. (1995)

Kugelberg E and Welander L.
Heredofamilial juvenile muscular atrophy simulating muscular atrophy.
Archives of neuology and psychiatry 75: 500-509. (1956)

Kurek JB, Bower JJ, Austin L.
LIF treatment stimulates muscle regeneration in the mdx mouse
Neurosci lett jul 19;212(3) :167-70 (1996)

Kurek J.
History of a novel drug candidate
Annual scientific meeting of ASCEPT, (1998)

Kurek JB, Radford AJ, Crump DE, Bower JJ, Feeney SJ, Austin L, Byrne E.
LIF a promising growth factor for the treatment of ALS
J Neuro Sci oct; 160 : 106-13 (1998)

Kurihara N, Menaa C, Maeda H, Haile DJ, Reddy SV.
Osteoclast-stimulating Factor Interacts with the Spinal Muscular Atrophy Gene Product to Stimulate Osteoclast Formation.
J Biol Chem. 2001 Nov 2;276(44):41035-9.

La Bella V, Cesterni C, Salaün D and Pettmann B.
Survival motor neuron (SMN) protein in rat is expressed as different molecular forms and is developmentally regulated.
Eur J Neuro 10: 2913-2923. (1998)

La Bella V, Kallenbach S, Pettmann B.
Expression and subcellular localization of two isoforms of the survival motor neuronprotein in different cell types.
J Neurosci Res. Nov 1;62(3):346-56. (2000)

Larsson SH, Charlieu JP, Miyagawa K, Engelkamp D, Rassoulzadegan M, Ross A, Cuzin F, van Heyningen V, Hastie ND.
Subnuclear localization of WT1 in splicing or transcription factor domains is regulated by alternative splicing.
Cell. May 5;81(3):391-401. (1995).

Lefebvre S, Bürglen L, Burlet P, Clermont O et al.
Cloning candidate genes from the SMA region by exon trapping amplification
Am. J. Hum. Genet. 53:1787 (1993)

Lefebvre S., Burglen L., Reboullet S., Clermont O., Burlet P., Viollet L., Benichou B., Cruaud C., Millasseau P., Zeviani M., Frezal J., Cohen D., Weissenbach J., Munnich A. and Melki J.
Identification and characterization of a spinal muscular atrophy-determining gene.
Cell 80, 155-165. (1995).

Lefebvre S, Burlet P, Liu Q, Bertrandy S, Clermont O, Munnich A, Dreyfuss G, Melki J.
Correlation between severity and SMN protein level in spinal muscular atrophy.
Nat Genet. Jul;16(3):265-9. (1997)

Lefebvre S, Burglen L, Frezal J, Munnich M and Melki J .
The role of the SMN gene in proximal spinal muscular atrophy.
Hum. Mol. Genet. (1998-a)

Lefebvre S, Bertrandy S, Burlet P, Belser C, Viollet L and Munnich A.
The lost of function of SMN frameshift mutation 472DL5 in SMA.
Myologie 2000: abs 492. (1998-b)

Lim SR, Hertel KJ.
Modulation of survival motor neuron pre-mRNA splicing by inhibition of alternative 3'splice site pairing.
J Biol Chem. Nov 30;276(48):45476-83. (2001)

Liston P, Roy N, Tamai K, Lefebvre C, Baird S, Cherton-Horvat G and Farahani R.
Suppression of apoptosis in mammalian cells by NAIP and a related family of IAP genes.
Nature 379: 349-353. (1996)

Liu Q and Dreyfuss G.
A novel nuclear structure containing the survival of motor neuron protein.
EMBO J 15: 3555-3565. (1996)

Liu Q, Fischer U, Wang F, Dreyfuss G.
The spinal muscular atrophy disease gene product, SMN, and its associated protein SIP1 are in a complex with spliceosomal snRNP proteins.
Cell. Sep 19;90(6):1013-21. (1997)

Lorson CL, Strasswimmer J, Yao JM, Baleja JD, Hahnen E, Wirth B, Le T, Burghes AH, Androphy EJ.
SMN oligomerization defect correlates with spinal muscular atrophy severity.
Nat Genet. May;19(1):63-6. (1998-a)

Lorson CL, Androphy EJ.
The domain encoded by exon 2 of the survival motor neuron protein mediates nucleic acid binding.
Hum Mol Genet. Aug;7(8):1269-75. (1998-b)

Lorson CL, Hahnen E, Androphy EJ and Wirth B.
A single nucleotide in the SMN gene regulates splicing and is responsible for spinal muscular atrophy.
Proc Natl Acad Sci 96: 6307-6311. (1999)

Lorson CL and Androphy EJ.
An exonic enhancer is required for inclusion of an essential exon in the SMA-determining gene SMN.
Hum Mol Genet 9: 259-265. (2000)

Maden M.
Role and distribution of retinoic acid during CNS development.
Int Rev Cytol.;209:1-77. (2001)

Maden M.
The role of retinoic acid in embryonic and post-embryonic development.
Proc Nutr Soc. Feb;59(1):65-73. (2000)

Mailman MD, Hemingway T, Darsey RL, Glasure CE, Huang Y, Chadwick RB, Heinz JW, Papp AC, Snyder PJ, Sedra MS, Schafer RW, Abuelo DN, Reich EW, Theil KS, Burghes AH, de la Chapelle A, Prior TW.
Hybrids monosomal for human chromosome 5 reveal the presence of a spinal muscular atrophy (SMA) carrier with two SMN1 copies on one chromosome.
Hum Genet. Feb;108(2):109-15. (2001)

Matera AG
Of coiled bodies, gems and salmon.
J Cell Bioch 70: 181-192. (1998-a)

Matera AG and Frey MR.
Coiled bodies and gems: Janus or Gemini ?
Am J Hum Genet 63: 317-321. (1998-b)

Matera AG
RNA splicing: more clues from spinal muscular atrophy.
Curr Biol 9: R140-R142. (1999)

Matera AG, Hebert MD.
The survival motor neurons protein uses its ZPR for nuclear localization.
Nat Cell Biol. Apr;3(4):E93-5. (2001)

Mattaj IW.
Ribonucleoprotein assembly: clues from spinal muscular atrophy.
Curr Biol. Jan 29;8(3):R93-5. (1998)

Mattei M.G., Melki j., Bachelot M.F., Abdelhak S., Burlet P., Frézal J., Munnich A.
In situ hybridisation of two markers closely flanking the SMA gene to 5q12-q13.3 .
Cyto Genet and Cell Genet.1991; 57: 112-113.(1991).

McAndrew PE, Parsons DW, Simard LR, Rochette C, Ray PN, Mendell JR, Prior TW and Burgues AHM.
Identification of proximal spinal muscular atrophy carriers and patients by analysis of SMN gene copy number
Am J Hum Genet 60: 1411-1422. (1997)

Meister G, Buhler D, Laggerbauer B, Zobawa M, Lottspeich F, Fischer U.
Characterization of a nuclear 20S complex containing the survival of motor neurons (SMN) protein and a specific subset of spliceosomal Sm proteins.
Hum Mol Genet. Aug 12;9(13):1977-86. (2000)

Meister G, Hannus S, Plottner O, Baars T, Hartmann E, Fakan S,Laggerbauer B, Fischer U.
SMNrp is an essential pre-mRNA splicing factor required for the formation of the mature spliceosome.
EMBO J. May 1;20(9):2304-14. (2001-a)

Meister G, Buhler D, Pillai R, Lottspeich F, Fischer U.
A multiprotein complex mediates the ATP-dependent assembly of spliceosomal U snRNPs.
Nat Cell Biol. Nov;3(11):945-9. (2001-b)

Meister G, Eggert C, Buhler D, Brahms H, Kambach C, Fischer U.
Methylation of Sm proteins by a complex containing PRMT5 and the putative U snRNP assembly factor pICln.
Curr Biol. Dec 11;11(24):1990-1994. (2001-c)

Melki J, Abdelhak S, Sheth P, Bachelot MF, Burlet P, Marcadet A, Aicardi J, Barois A, Carriere JP, Fardeau M, Fontan D, Ponsot G, Billette T, Angelini C, Barbosa C, Ferriere G, Lanzi G, Ottolini A, Babron MC, Cohen D, Hanauer A, Clerget-Darpoux F, Lathrop M, Munnich A and Frézal J
Gene for proximal muscular atrophies maps to chromosome 5q.
Nature 344: 767-768. (1990-a)

Melki J, Sheth P, Abdelhak S, Burlet P, Bachelot MF, Lathrop M, Frézal J and Munnich A
Mapping of acute (type I) spinal muscular atrophy to chromosome 5q12q14.
Lancet 336: 271-273. (1990-b)

Melki J, Abdelhak S, Sheth P, Bachelot MF, Burlet P, et al.
Chromosomal localisation of chronic proximal spinal muscular atrophies of childhood.
Journal of the Neurological Sciences; 98 (1990-c)

Melki J, Abdelhak S, Sheth P, Bachelot MF, Burlet P, et al.
Chromosomal localisation of chronic proximal spinal muscular atrophies of childhood.
Journal of neurology 1990; 237.(1990-c)

Melki J, Abdelhak S, Burlet P, et al.
Prenatal prediction of Werdnig-Hoffmann disease using linked polymorphic DNA probes.
Journal of medical genetics. 29:171-174 (1992-a)

Melki, J., Burlet P., Clermont O., Paul B., Pascal F. et al.
High resolution genetic map of new DNA markers closely flanking the SMA locus.
Cyto Genet and Cell Genet 61: 233(1992-b).

Melki J, Burlet P et al .
Physical map around the spinal muscular atrophy locus using yeast artificial chromosomes.
Am. J. Hum. Genet. 51:953 (1992-c).

Melki J, Burlet P, Clermont O, Pascal F, Paul B, Abdelhak S, Nakamura Y, Weissenbach J, Lathrop M and Munnich A
A Refined linkage map of chromosome 5 in the region of the spinal muscular atrophy gene.
Genomics 15: 521-524. (1993)

Melki J, Lefebvre S, Bürglen L, Burlet P, Clermont O, Millasseau P, Reboullet S, Bénichou B, Zeviani M, Le Paslier D, Cohen D, Weissenbach J and Munnich A.
De novo and inherited deletions of the 5q13 region in spinal muscular atrophies.
Science 264: 1474-1477. (1994-a)

Melki J, Lefebvre S, Bürglen L, Burlet P, Clermont O, et al
Délétions héritées et de novo dans les Amyotrophies Spinales
Médecine:Sciences 10:889-891(1994-b)

Melki J, Lefebvre S, Bürglen L, Burlet P, Clermont O, Millasseau P, Reboullet S, et al.
Physical study of big fragments and search strategy of genes. Application to locus of infant spinal muscular atrophies.
C R Seances Soc Biol Fil .. 188:495-8(1994-c)

Meng A, Tang H, Ong BA, Farrell MJ and Lin S.
Promoter analysis in living zebrafish embryos identifies a cis-acting motif required for neuronal expression of GATA-2.
Proc Natl Acad Sci USA 94: 6267-6272. (1997)

Mercuri E, Goodwin F, Sewry C, Dubowitz V, Muntoni F.
Diaphragmatic spinal muscular atrophy with bulbar weakness.
Europ J Paediatr Neurol. ;4(2):69-72. (2000)

Mirabella M, Servidei S, Broccolini A, Gandolfi N, Ricci E, Neri G, Tolani P and Brahe C.
The drastic redution of SMN protein in SMA I spinal cord motor neurons is not due to inefficient transcription.
Neurogenetics 2: 97-100. (1999)

Mitchell PJ, Timmons PM, Hebert JM, Rigby PW, Tjian R
Transcription factor AP-2 is expressed in neural crest cell lineages during mouse embryogenesis.
Genes Dev 5: 105-119. (1991)

Mohaghegh P, Rodrigues NR, Owen N, Ponting CP, Le TT, Burghes AH, Davies KE.
Analysis of mutations in the tudor domain of the survival motor neuron protein SMN.
Eur J Hum Genet. Jul;7(5):519-25. (1999)

Monani UR, Lorson CL, Parsons DW, Prior TW, Androphy EJ, Burghes AHM and McPherson JD.
A single nucleotide difference that alters splicing patterns distinguishes the SMA gene SMN1 from the copy gene SMN2.
Hum Mol Genet 8: 1177-1183. (1999-a)

Monani UR, McPherson JD, Burghes AHM.
Promoter analysis of the human centromeric and telomeric survival motor neuron
Bioch Biophys acta 1445: 330-336. (1999-b)

Monani UR, Sendtner M, Coovert DD, Parsons DW, Andreassi C, Le TT, Jablonka S, Schrank B, Rossol W, Prior TW, Morris GE and Burghes AHM.
The human centromeric survival motor neuron gene (SMN2) rescues embryonic
Hum Mol Genet 9: 333-339. (2000-a)

Monani UR, Coovert DD, Burghes AH.
Animal models of spinal muscular atrophy.
Hum Mol Genet. Oct;9(16):2451-7.(2000-b)

Morris GE.
Nuclear proteins and cell death in inherited neuromuscular disease.
Neuromuscul Disord. Jun;10(4-5):217-27. (2000)

Morriss-Kay GM, Ward SJ.
Retinoids and mammalian development.
Int Rev Cytol.;188:73-131. (1999)

Morrisson KE, Daniels RJ, Suthers GK, Flynn GA, Francis MJ, Buckle VJ and Davies KE.
High-resolution genetic map around the spinal muscular atrophy (SMA) locus on chromosome 5.
Am J Hum Genet 50: 520-527. (1992)

Morrisson K.
advances in SMA research : review of gene deletions.
neuromuscular disorders 6: 397-408 (1996)

Mourelatos Z, Abel L, Yong J, Kataoka N, Dreyfuss G.
SMN interacts with a novel family of hnRNP and spliceosomal proteins.
EMBO J. Oct 1;20(19):5443-52. (2001)

Moutou C, Gardes N, Rongieres C, Ohl J, Bettahar-Lebugle K, Wittemer C, Gerlinger P, Viville S.
Allele-specific amplification for preimplantation genetic diagnosis (PGD) of spinal muscular atrophy.
Prenat Diagn. Jun;21(6):498-503. (2001)

Müller B, Melki J, Burlet P and Clerget-Darpoux F.
Proximal spinal muscular atrophy (SMA) types II and III in the same sibship are not caused by different alleles at the SMA locus on 5q.
Am J Hum Genet 50:892-895. (1992)

Munsat TL.
Workshop report: international SMA collabotation.
Neuromusc. Disord 1: 81. (1991)

Nishio H, Ishikawa Y, Lee MJ, Fujii M, Kanda F, Jinnai K, Takahashi K, Takeshima Y, Wada H, Takada S, Nakamura H, Matsuo M and Sumino K.
spinal muscular atrophy phenotype severity.
Neurology 48: 1266-1270. (1997)

Nishio H, Horikawa H, Yakura H, Sugie K, Nakamuro T, Koterazawa K, Ishikawa Y, Lee MJ, Wada H, Takeshima Y, Matsuo M, Sumino K.
Hybrid survival motor neuron genes in Japanese patients with spinal muscular atrophy.
Acta Neurol Scand. Jun;99(6):374-80. (1999-a)

Nishio H, Ishikawa Y, Lee MJ, Takeshima Y, Takada S, Nakamura H, Matsuo M, Sumino K.
High incidence of a survival motor neuron gene/cBCD541 gene ratio of 2 in Japanese parents of spinal muscular atrophy patients: a characteristic background of spinal muscular atrophy in Japan?
J Neurol. Jan;246(1):48-52. (1999-b)

Nobile-Orazio E.
are there immunologicaly treatable motor neuron disease
ALS; S523-530. (2001)

Novelli G, Calza L, Amicucci P, Giardino L, Pozza M, Silani V, Pizzuti A, Gennarelli M, Piombo G, Capon F, Dallapiccola B.
Expression study of survival motor neuron gene in human fetal tissues.
Biochem Mol Med. Jun;61(1):102-6. (1997-a)

Novelli G, Semprini S, Capon F, Dallapiccola B.
A possible role of NAIP gene deletions in sex-related spinal muscular atrophy phenotype variation.
Neurogenetics. May;1(1):29-30. (1997-b)

Ono S, Hu j, Shimisu N, ImaiT.
Increased IL-6 of skin and serum in SLA
J neuro Sci 2001, jun 15; 187(1-2):27-34

Pagliardini S, Giavazzi A, Setola V, Lizier C, Di Luca M, DeBiasi S, Battaglia G.
Subcellular localization and axonal transport of the survival motor neuron (SMN) protein in the developing rat spinal cord.
Hum Mol Genet. Jan 1;9(1):47-56.(2000)

Park JW, Voss PG, Grabski S, Wang JL, Patterson RJ.
Association of galectin-1 and galectin-3 with Gemin4 in complexes containing the SMN protein.
Nucleic Acids Res. Sep 1;29(17):3595-602. (2001)

Parsons DW, McAndrew PE, Monani UR, Mendell JR, Burghes AHM and Prior TW.
An 11 base pair duplication in exon 6 of the SMN gene produces a type I spinal muscular atrophy (SMA) phenotype: further evidence for SMN as the primary SMA-determining gene.
Hum Mol Genet 5: 1727-1732. (1996)

Parsons DW, McAndrew PE, Iannaccone ST, Mendell JR, Burghes AH, Prior TW.
Intragenic telSMN mutations: frequency, distribution, evidence of a founder effect, and modification of the spinal muscular atrophy phenotype by cenSMN copy number.
Am J Hum Genet. Dec;63(6):1712-23. (1998)

Pearn J.
The gene frequency of acute Werdnig-Hoffmann disease (SMA type I). A total population survey in North-East England.
J. Med. Genet. 10: 260-265. (1973)

Pearn J.
Incidence, prevalence and gene frequency studies of chronic childhood spinal muscular atrophy.
J. Med. Genet. 15: 409-413. (1978-a)

Pearn J.
Autosomal dominant spinal muscular atrophy: a clinical and genetic study.
J Neurol Sci 38: 263-75. (1978-b)

Pearn J, Hudgson P, Walton JN.
A clinical and genetic study of spinal muscular atrophy of adult onset.
Brain 101: 591-606. (1978-c)

Pearn J.
Classification of spinal muscular atrophy.
Lancet 1: 919-922. (1980)

Pellizzoni L, Kataoka N, Charroux B, Dreyfuss G.
A novel function for SMN, the spinal muscular atrophy disease gene product, in pre-mRNA splicing.
Cell. Nov 25;95(5):615-24. (1998)

Pellizzoni L, Charroux B, Dreyfuss G.
SMN mutants of spinal muscular atrophy patients are defective in binding to snRNP proteins.
Proc Natl Acad Sci U S A. Sep 28;96(20):11167-72.(1999)

Pellizzoni L, Baccon J, Charroux B, Dreyfuss G.
The survival of motor neurons (SMN) protein interacts with the snoRNP proteins fibrillarin and GAR1.
Curr Biol. Jul 24;11(14):1079-88. (2001-a)

Pellizzoni L, Charroux B, Rappsilber J, Mann M, Dreyfuss G.
A functional interaction between the survival motor neuron complex and RNA polymerase II.
J Cell Biol. Jan 8;152(1):75-85. (2001-b)

Pellizzoni L, Baccon J, Rappsilber J, Mann M, Dreyfuss G.
Purification of native SMN complexes and identification of Gemin6 as a novel component.
J Biol Chem. Dec 17 (2001-c)

Pu WT, Krapivinsky GB, Krapivinsky L, Clapham DE.
pICln inhibits snRNP biogenesis by binding core spliceosomal proteins.
Mol Cell Biol. Jun;19(6):4113-20 (1999)

Raclin V, Saugier-Veber P, Bürglen L, Munnich A and Melki J.
De novo deletions in spinal muscular atrophy: implications for genetic counselling.
J Med Genet 34: 86-87. (1997)

Ramon y Cajal SR
Un sencillo metodo de coloration selectiva del reticulo protoplasmico y sus efectos en los diversos organos nerviosos de vertebrados y invertebrados.
Trab Lab Invest Biol 2: 129-221. (1903)

Rochette CF, Surh LC, Ray PN, McAndrew PE, Prior TW, Burghes AHM, Vanasse M
Molecular diagnosis of non-deletion SMA patients using quantitative PCR of SMN exon 7.
Neurogenetics 1: 141-147. (1997)

Rodrigues NR, Owen N, Talbot K, Ignatius J, Dubowitz V and Davies KE.
Deletions in the survival motor neuron gene on 5q13 in autosomal recessive spinal muscular atrophy.
Hum Mol Genet 4: 631-634. (1995)

Rodrigues NR, Owen N, Talbot K, Patel S, Muntoni F, Ignatius J, Dubowitz V, Davies KE.
Gene deletions in spinal muscular atrophy.
J Med Genet. Feb;33(2):93-6. (1996)

Rohwedel J, Guan K, Wobus AM.
Induction of cellular differentiation by retinoic acid in vitro.
Cells Tissues Organs. 1999;165(3-4):190-202.

Ross SA, McCaffery PJ, Drager UC, De Luca LM.
Retinoids in embryonal development.
Physiol Rev. 2000 Jul;80(3):1021-54.

Roy N, Mahadevan MS, McLean M, Shutler G, Yaraghi Z, Farahani R, Baird S, Besner-Johnston A, Lefebvre C, Kang x et al.
The gene for neuronal apoptosis inhibitory protein (NAIP), a novel protein with homology to baculoviral inhibitors of apoptosis is partially deleted in individuals with type 1, 2 and 3 spinal muscular atrophy.
Cell 80, 167-178. (1995)

Roy N, Devereaux QL, Takahashi R, Solvesen GS and Reed JC.
The c-IAP-1 and c-IAP-2 proteins are direct inhibitors of specific caspases.
EMBO J 16: 6914-6925. (1997)

Rudnik-Schöneborn S, Röhrig D, Morgan G, Wirth B and Zerres K.
Autosomal recessive proximal spinal muscular atrophy in 101 sibs out of 48 families: clinical picture, influence of gender, and genetic implications. Am J Med Genet 51: 70-76. (1994-a)

Rudnik-Schöneborn S, Wirth B and Zerres K.
Evidence of autosomal dominant mutation in childhood onset proximal spinal muscular atrophy.
Am J Hum Genet 55: 112-119. (1994-b)

Saugier-Veber P, Drouot N, Lefebvre S, Charbonnier F, Vial E, Munnich A, Frebourg T.
detection of heterozygous SMN1 deletions in SMA families using a simple fluorescent multiplex PCR method.
J med genet apr 38 (4):240-3 (2001)

Samilchuk E, D'Souza B, Bastaki L, al-Awadi S.
Deletion analysis of the SMN and NAIP genes in Kuwaiti patients with spinal muscular atrophy.
Hum Genet. Nov;98(5):524-7. (1996)

Sassone-Corsi P.
Transcription factors responsive to cAMP.
Annu Rev Cell Dev Biol 11: 355-377. (1995)

Scharf JM, Endrizzi MG, Wetter A, Huang S,Thompson TG, Zerres K, Dietrich WF, Wirth B, Kunkel LM.
Identification of a candidate modifying gene for spinal muscular atrophy by comparative genomics.
Nat Genet. Sep;20(1):83-6. (1998)

Scheffer H, Cobben JM, Mensink RG, Stulp RP, van der Steege G, Buys CH.
SMA carrier testing--validation of hemizygous SMN exon 7 deletion test for the identification of proximal spinal muscular atrophy carriers and patients with a single allele deletion.
Eur J Hum Genet. Feb;8(2):79-86.(2000)

Scheffer H, Cobben JM, Matthijs G, Wirth B.
Best practice guidelines for molecular analysis in spinal muscular atrophy.
Eur J Hum Genet. Jul;9(7):484-91. Review. (2001)

Schmalbruch H, Haase G.
Spinal muscular atrophy: present state.
Brain Pathol. Apr;11(2):231-47. (2001)

Schrank B, Götz R, Gunnersen JM, Ure JM, Toyka KV, Smith AG and Sendtner M.
Inactivation of the survival motor neuron gene, a candidate gene for human spinal muscular atrophy, leads to massive cell death in early mouse embryos.
Proc Natl Acad Sci USA 94: 9920-9925. (1997)

Schwartz M, Sorensen N, Hansen FJ, Hertz JM, Norby S, Tranebjaerg L, Skovby F.
Quantification, by solid-phase minisequencing, of the telomeric and centromeric copies of the survival motor neuron gene in families with spinal muscular atrophy.
Hum Mol Genet. Jan;6(1):99-104. (1997)

Selenko P, Sprangers R, Stier G, Buhler D, Fischer U, Sattler M.
SMN tudor domain structure and its interaction with the Sm proteins.
Nat Struct Biol. Jan;8(1):27-31. (2001)

Sendtner M.
Molecular biology of neurotrophic factors
Bailleres clin neuro 1995 nov;4(3):575-91

Sheth P, Abdelhak S, Bachelot MF, Burlet P, Masset M, Hilaire D, Clerget-Darpoux F, Frézal J, Lathrop GM, Munnich A and Melki J
Linkage analysis in spinal muscular atrophy, by six closely flanking markers on chromosome 5.
Am J Hum Genet 48: 764-768. (1991)

Simard LR, Rochette C, Semionov A, Morgan K and Vanasse M.
SMN(T) and NAIP mutations in Canadian families with spinal muscular atrophy (SMA): genotype/phenotype correlation with disease severity.
Am J Med Genet 72: 51-58. (1997)

Sleeman JE, Ajuh P, Lamond AI.
SnRNP protein expression enhance the formation of cajal bodies containing P80 Coilin and SMN
Exp Cell Res. May 1;256(2):365-74. (2000)

Soares VM, Brzustowicz LM, Kleyn PW, Knowles JA, Palmer DA, Asokan S, Penchaszadeh GK, Munsat TL and Gilliam TC.
Refinement of the spinal muscular atrophy locus to the interval between D5S435 and MAP-1B.
Genomics 15: 365-371. (1993)

Strasswimmer J, Lorson CL, Breiding DE, Chen JJ, Le T, Burghes AH, Androphy EJ.
Identification of survival motor neuron as a transcriptional activator-binding protein.
Hum Mol Genet. Jul;8(7):1219-26.(1999)

Talbot K, Rodrigues NR, Ignatius J, Muntoni F, Davies KE.
Gene conversion at the SMN locus in autosomal recessive spinal muscular atrophy does not predict a mild phenotype.
Neuromuscul Disord. May;7(3):198-201. (1997)

Talbot K, Miguel-Aliaga I, Mohaghegh P, Ponting CP, Davies KE.
Characterization of a gene encoding survival motor neuron (SMN)-related protein, a constituent of the spliceosome complex.
Hum Mol Genet. Dec;7(13):2149-56. (1998)

Talbot K.
Spinal Muscular Atrophy.
J.Inher. Metab.Dis. 22: 554-555 (1999)

Talbot k, Davies KE.
Spinal muscular atrophy.
Semin Neurol. Jun;21(2):189-97. (2001)

Taylor JE, Thomas NH, Lewis CM, Abbs SJ, Rodrigues NR, Davies KE, Mathew CG.
Correlation of SMNt and SMNc gene copy number with age of onset and survival in spinal muscular atrophy.
Eur J Hum Genet. Sep-Oct;6(5):467-74. (1998)

Tizzano EF, Cabot C, Baiget M.
Cell-specific survival motor neuron gene expression during human development of the central nervous system: implications for the pathogenesis of spinal muscular atrophy.
Am J Pathol. Aug;153(2):355-61. (1998)

Tucker KE, Berciano MT, Jacobs EY, LePage DF, Shpargel KB, Rossire JJ, Chan EK, Lafarga M, Conlon RA, Matera AG.
Residual Cajal bodies in coilin knockout mice fail to recruit Sm snRNPs and SMN, the spinal muscular atrophy gene product.
J Cell Biol. Jul 23;154(2):293-307. (2001)

van der Steege G, Grootscholten PM, van der Vlies P, Draaijers TG, Osinga J, Cobben JM, Scheffer H and Buys CHCM
PCR-based DNA test to confirm clinical diagnosis of autosomal recessive spinal muscular atrophy.
Lancet 345: 985-986. (1995)

Velasco E, valero c, Garcia E et al;
Isolation of microsatellites from the SMA candidate region on chromosome 5q and linkage analysis in spanish SMA families.
Eur J Hum Genet 082 (1995)

Velasco E, Valero C, Valero A, Moreno F, Hernandez-Chico C.
Molecular analysis of the SMN and NAIP genes in Spanish spinal muscular atrophy (SMA) families and correlation between number of copies of cBCD541 and SMA phenotype.
Hum Mol Genet. Feb;5(2):257-63. (1996)

Verheggen C, Mouaikel J, Thiry M, Blanchard JM, Tollervey D, Bordonne R, Lafontaine DL, Bertrand E.
Box C/D small nucleolar RNA trafficking involves small nucleolar RNP proteins, nucleolar factors and a novel nuclear domain.
EMBO J. Oct 1;20(19):5480-90. (2001)

Viollet I, Barrois A, Burlet P, et al.
Autosomal recessive distal SMA with diaphragmatic palsy in childhood and SMA with respiratory distress are linked to the same locus
Neurology. accepté. (2002)

Vitali T, Sossi V, Tiziano F, Zappata S, Giuli A, Paravatou-Petsotas M, Neri G, Brahe C.
Detection of the survival motor neuron (SMN) genes by FISH: further evidence for a role for SMN2 in the modulation of disease severity in SMA patients.
Hum Mol Genet. Dec;8(13):2525-32. (1999)

Voss MD, Hille A, Barth S, Spurk A, Hennrich F, Mueller-Lantzsch N, Kremmer E, Grasser FA.
Functional Cooperation of Epstein-Barr Virus Nuclear Antigen 2 and the Survival Motor Neuron Protein in Transactivation of the Viral LMP1 Promoter.
J VirolDec; 75(23):11781-90. (2001)

Wang CH, Xu J, Carter TA, Ross BM, Dominski MK, Bellcross CA, Penchaszadeh GK, Munsat TL and Gilliam TC.
Characterization of survival motor neuron (SMNt) gene deletions in asymptomatic carriers of spinal muscular atrophy.
Hum Mol Genet 5: 359-365. (1996)

Wang CH, Papendick BD, Bruinsma P, Day JK
Identification of a novel missense mutation of the SMNt gene in two siblings with spinal muscular atrophy.
Neurogenetics 1:273-276. (1998)

Wang J, Dreyfuss G.
Characterization of Functional Domains of the SMN Protein in Vivo.
J Biol Chem. Nov 30;276(48):45387-93. (2001-a)

Wang J, Dreyfuss G.
A cell system with targeted disruption of the SMN gene: functional conservation of the SMN protein and dependence of Gemin2 on SMN.
J Biol Chem. Mar 30;276(13):9599-605. (2001-b)

Werdnig G.
Zwei frühinfantile hereditäre fälle von progressiver muskelatropie unter dem bilde der dystrophie, aber auch neurotischer grundlage.
Archiv für psychiatrie und nervenkrankheiten 22: 437-481. (1891)

Werdnig G.
Die frühinfantile progressive spinale amyotrophie.
Arch. Psychiat. Nervenkr. 26: 706-744. (1894)

Winsor EJ, Gordon Murphy E, Thompson MW and Reed TE.
Genetic of childhood spinal muscular atrophy.
J Med Genet 8: 143-148. (1971)

Wirth B, Schmidt T, Hahnen E, Rudnik-Schönoborn S, Krawczak M, Müller-Myhsok B, Schönling J and Zerres K.
De novo rearrangements found in 2% of index patients with spinal muscular atrophy (SMA): mutational mechanism, parental origin, mutation rate and implication for prenatal diagnosis.
Am J Hum Genet 61: 1102-1111. (1997)

Wirth B, Herz M, Wetter A, Moskau , Hahnen E, Rudnik-Schöneborn S, Wienker T and Zerres K. Quantitative analysis of Survival Motor Neuron copies: identification of subtle SMN1 mutations in patients with spinal muscular atrophy, genotype-phenotype correlation and implications for genetic counseling
Am J Hum Genet 64: 1340-1356. (1999)

Wirth B.
Un update of the mutation spectrum of the Survival Motor Neuron (SMN) gene in autosomal recessive Spinal Muscular Atrophy (SMA).
Hum Mutat 15: 228-237. (2000)

Wohlfart G, Fex J and Eliasson S.
A clinical entity stimulating progressive muscular dystrophy.
Acta Psychiatrica und neurologica 30: 395-406. (1955)

Young PJ, Man NT, Lorson CL, Le TT, Androphy EJ, Burghes AH, Morris GE.
The exon 2b region of the spinal muscular atrophy protein, SMN, is involved in self-association and SIP1 binding.
Hum Mol Genet. Nov 22;9(19):2869-77. (2000)

Young PJ, Le TT, thi Man N, Burghes AH, Morris GE.
The relationship between SMN, the spinal muscular atrophy protein, and nuclear coiled bodies in differentiated tissues and cultured cells.
Exp Cell Res. May 1;256(2):365-74. (2000)

Young PJ, Le TT, Dunckley M, Nguyen TM, Burghes AH, Morris GE.
Nuclear gems and Cajal (coiled) bodies in fetal tissues: nucleolar distribution of the spinal muscular atrophy protein, SMN.
Exp Cell Res May 1;265(2):252-61. (2001)

Zerres K, Stephan M, Kchren U and Grimm T.
Becker's allelic model to explain unusual pedigrees with spinal muscular atrophy.
Clin Genet 31: 276-277. (1987)

Zhang ML, Lorson CL, Androphy EJ, Zhou J.
An in vivo reporter system for measuring increased inclusion of exon 7 in SMN2 mRNA: potential therapy of SMA.
Gene Ther. Oct;8(20):1532-8. (2001)

Zieve GW and Sauterer RA.
Cell biology of the snRNP particles
Crit Rev Biochem Mol Biol 25: 1-46. (1990)

Zile MH.
Vitamin A and embryonic development: an overview.
J Nutr. Feb;128(2 Suppl):455S-458S. (1998)

Zile MH.
Function of vitamin A in vertebrate embryonic development.
J Nutr Mar;131(3):705-8 (2001)

SMN1 AND SMN2 GENES EXPRESSION IN SPINAL MUSCULAR ATROPHY

RESUME EN ANGLAIS

Proximal spinal muscular atrophies (SMAs) are a group of inherited neuromuscular disorders characterized by the degeneration of spinal motor neurones. The disease results from alterations of the Survival Motor Neuron (SMN1) gene located on chromosome 5q13. We showed that an increased number of the homologous SMN2 gene copies correlates with milder SMA phenotypes. To further understand the molecular basis underlying SMA, it is essential to characterize SMN1/SMN2 gene expression. These genes encode a 38 kDa protein located both in cytoplasm and nucleus in a novel structure called gem. A tight correlation between clinical severity and SMN2 protein level has been demonstrated in tissues and cell lines derived from SMA fetuses and patients. In control fetuses, I showed that the SMN protein is strongly expressed in spinal motor neurons and skeletal muscle, where theSMN protein is present in large cytoplasmic structures similar to gems. I also showed that SMN expression is up-regulated during normal embryo-fetal development and SMN2 is expressed in SMA patients and must be partially functional. We hypothesize that these genes could be over-expressed. Sequences analyses showed that minimal promoters are identical and a comparison between human and mouse reveals a highly conserved region that contains binding sites for transcription factors. Thus, I showed that all-trans retinoic acids and the interleukin-6 were able to increase the SMN protein expression in cells derived from patients and controls. Moreover, Il-6 increase the SMN level in the nuclear fraction and restaure gems. These data will serve in the development of a treatment for SMA.

RESUME

Les amyotrophies spinales infantiles (SMA) sont des affections récessives autosomiques caractérisées par une dégénérescence des motoneurones spinaux. Nous avons identifié dans une duplication sur le chromosome 5q13 le gène SMN1 dont les mutations sont à l'origine des trois formes de la maladie . Nous avons montré que la variabilité phénotypique pouvait s'expliquer par le nombre de copies du gène homologue SMN2. Dans le but d'élucider les conséquences de l'altération du gène SMN1, nous avons étudié l'expression de la protéine SMN codée par les gènes SMN1 et SMN2. Ils codent pour une protéine ubiquitaire de 38 kDa localisée dans le cytoplasme et le noyau, au niveau des gems/coiled bodies. J'ai participé à établir la base moléculaire d'une classification entre les différentes formes de la maladie. J'ai montré que la protéine était fortement exprimée chez les foetus témoins au niveau des motoneurones spinaux et du muscle squelettique. Dans le muscle, la protéine SMN est concentrée dans des structures cytoplasmiques semblables aux gems. J'ai également décrit une expression marquée au cours dudéveloppement qui diminue en période post-natale. Dès lors, nous avons fait l'hypothèse que ces gènes pouvaient être induits. L'analyse de séquence révèle que la région promotrice minimale est identique et la comparaison phylogénique met en évidence une région hautement conservée. Cette région contient des sites potentiels pour des facteurs de transcription, qui m'ont servi à choisir des molécules candidates. J'ai ainsi montré que l'acide rétinoique all-trans et l'interleukine-6 peuvent induire l'expression de la protéine SMN chez des cellules issues de témoins et de malades. De plus l'interleukine-6 augmente le taux de SMN dans la fraction nucléaire, ce qui restaure les gems normalement absent dans les cellules de malades. Ces données ouvrent des pistes pour l'induction pharmacologique du gène SMN2 à visée thérapeutique.

DISCIPLINE : Génétique Moléculaire

MOTS-CLES : Amyotrophies Spinales Infantiles – SMN1 – SMN2 – Interleukine-6

INTITULE ET ADRESSE DU LABORATOIRE EPHE :

Laboratoire de Génétique Moléculaire et Physiologique de l'Ecole Pratique des Hautes Etudes - Université de Versailles/Saint-Quentin, LGBC, CNRS UPRES-A 8087, Bâtiment Fermat - 45, avenue des Etats Unis 78035 Versailles

FSC
www.fsc.org
MIX
Papier | Fördert
gute Waldnutzung
FSC® C083411

Kolibri 360 GmbH
Ferdinand-Jühlke-Straße 7
99095 Erfurt, Deutschland
produktsicherheit@kolibri360.de

Druck:
CPI Druckdienstleistungen GmbH
im Auftrag der
Kolibri 360 GmbH
Ferdinand-Jühlke-Str. 7
99095 Erfurt